Olfa Khlifi

Cône diamant

Olfa Khlifi

Cône diamant

Tableaux de Young quasi standards

Presses Académiques Francophones

Mentions légales / Imprint (applicable pour l'Allemagne seulement / only for Germany)
Information bibliographique publiée par la Deutsche Nationalbibliothek: La Deutsche Nationalbibliothek inscrit cette publication à la Deutsche Nationalbibliografie; des données bibliographiques détaillées sont disponibles sur internet à l'adresse http://dnb.d-nb.de.
Toutes marques et noms de produits mentionnés dans ce livre demeurent sous la protection des marques, des marques déposées et des brevets, et sont des marques ou des marques déposées de leurs détenteurs respectifs. L'utilisation des marques, noms de produits, noms communs, noms commerciaux, descriptions de produits, etc, même sans qu'ils soient mentionnés de façon particulière dans ce livre ne signifie en aucune façon que ces noms peuvent être utilisés sans restriction à l'égard de la législation pour la protection des marques et des marques déposées et pourraient donc être utilisés par quiconque.

Photo de la couverture: www.ingimage.com

Editeur: Presses Académiques Francophones est une marque déposée de
Südwestdeutscher Verlag für Hochschulschriften GmbH & Co. KG
Heinrich-Böcking-Str. 6-8, 66121 Sarrebruck, Allemagne
Téléphone +49 681 37 20 271-1, Fax +49 681 37 20 271-0
Email: info@presses-academiques.com

Produit en Allemagne:
Schaltungsdienst Lange o.H.G., Berlin
Books on Demand GmbH, Norderstedt
Reha GmbH, Saarbrücken
Amazon Distribution GmbH, Leipzig
ISBN: 978-3-8381-7038-1

Imprint (only for USA, GB)
Bibliographic information published by the Deutsche Nationalbibliothek: The Deutsche Nationalbibliothek lists this publication in the Deutsche Nationalbibliografie; detailed bibliographic data are available in the Internet at http://dnb.d-nb.de.
Any brand names and product names mentioned in this book are subject to trademark, brand or patent protection and are trademarks or registered trademarks of their respective holders. The use of brand names, product names, common names, trade names, product descriptions etc. even without a particular marking in this works is in no way to be construed to mean that such names may be regarded as unrestricted in respect of trademark and brand protection legislation and could thus be used by anyone.

Cover image: www.ingimage.com

Publisher: Presses Académiques Francophones is an imprint of the publishing house
Südwestdeutscher Verlag für Hochschulschriften GmbH & Co. KG
Heinrich-Böcking-Str. 6-8, 66121 Saarbrücken, Germany
Phone +49 681 37 20 271-1, Fax +49 681 37 20 271-0
Email: info@presses-academiques.com

Printed in the U.S.A.
Printed in the U.K. by (see last page)
ISBN: 978-3-8381-7038-1

Université de Sfax
Faculté des Sciences de Sfax
Département de Mathématiques
&
Université de Bourgogne
Ecole Doctorale Carnot
Institut de Mathématiques de Bourgogne

THESE

En vue de l'obtention du grade de Docteur en Mathématiques

Par

Olfa KHLIFI

Le Cône Diamant

Sous la direction de

Boujmâa AGREBAOUI

Et

Didier ARNAL

Table des matières

Chapitre 0

Introduction

Le but de ce travail est la description d'une base explicite du cône diamant pour diverses classes d'algèbres de Lie semi simples $\mathfrak{g}$. Le cône diamant appelé aussi algèbre de forme réduite est une première étape pour une description des modules nilpotents du facteur nilpotent dans la décomposition d'Iwasawa de l'algèbre $\mathfrak{g}$.

On sait que, si $\mathfrak{g}$ est une algèbre de Lie semi simple complexe, tous les $\mathfrak{g}$ modules de dimension finie sont semi simples, la théorie des modules simples est très bien connue et en particulier très explicite pour les algèbres classiques. Par exemple, dans le cas de l'algèbre $\mathfrak{sl}(2)$, de base (X, H, Y) avec les relations de commutation usuelles :$[H, X] = X$, $[H, Y] = -Y$ et $[X, Y] = 2H$, ces représentations sont caractérisées par leur dimension $a + 1$, on peut les réaliser dans l'espace $\mathbb{V}^a$ des polynômes à deux variables x et y, homogènes de degré a sur lequel $\mathfrak{sl}(2)$ agit par

$$X = x\partial_y, \quad H = \frac{1}{2}(x\partial_x - y\partial_y), \quad Y = y\partial_x.$$

Notons $\mathbb{V}$ la somme de tous les $\mathfrak{sl}(2)$ modules simples. Cet espace est muni d'une structure naturelle d'algèbre associative et commutative. On appelle cette algèbre l'algèbre de forme de $\mathfrak{sl}(2)$. Cette algèbre est tout simplement l'algèbre $\mathbb{C}[x, y]$.

Si maintenant $\mathfrak{n}$ est une algèbre de Lie nilpotente, il semble raisonnable de décrire ses modules de dimension finie nilpotents c'est à dire tels que chaque élément X de $\mathfrak{n}$ est représenté par un endomorphisme nilpotent. Cependant ce problème est beaucoup plus difficile : dans le cas le plus simple, celui de l'algèbre abélienne $\mathfrak{n} = \mathbb{C}$, ceci revient à la théorie des matrices nilpotentes, dont la classification est donnée par la collection de leurs blocs de Jordan (à une permutation près).

Le théorème d'Engel nous dit que le seul $\mathfrak{n}$ module nilpotent simple est le module trivial, de plus les modules nilpotents sont en général ni semi simples ni indécomposables. Même en se restreignant aux modules monogènes, le problème reste extrèmement difficile, surtout pour une algèbre de Lie nilpotente quelconque. Dans le cas de $\mathfrak{n} = \mathbb{C}X$, cela revient à se restreindre aux matrices X ayant un seul bloc de Jordan, disons de taille $a+1$. C'est à dire à l'opérateur ∂_y agissant sur l'espace $\mathbb{C}_a[y]$ des polynômes en la variable y de degré au plus a, qui est isomorphe au module $\mathbb{V}^a|_{\mathfrak{n}}$ restriction à $\mathfrak{n}$ du $\mathfrak{sl}(2)$ module $\mathbb{V}^a$.

Ceci est général, si $\mathfrak{n}$ est le facteur nilpotent $\mathfrak{n}^+$ de la décomposition d'Iwasawa d'une algèbre de Lie semi simple complexe $\mathfrak{g}$, tout module nilpotent monogène de $\mathfrak{n}$ apparaît comme un quotient d'un $\mathbb{V}^\lambda|_\mathfrak{n}$ bien défini.

Dans le cas de $\mathfrak{n} = \mathbb{C}X$, la structure d'algèbre quei est naturellement associée à la description des modules nilpotents monogènes de $\mathfrak{n}$ est bien sûr l'algèbre $\mathbb{C}[y] = \mathbb{C}[x,y]/\langle x - 1\rangle$. Cette algèbre est le cône diamant ou l'algèbre de forme réduite de $\mathfrak{sl}(2)$. C'est un quotient de l'algèbre de forme de $\mathfrak{sl}(2)$ et un $\mathfrak{n}$ module indécomposable, union de tous les modules $\mathbb{V}^a|_\mathfrak{n}$ et muni de la stratification $\mathbb{V}^b|_\mathfrak{n} \subset \mathbb{V}^a|_\mathfrak{n}$ si $b \leq a$. Dans le cas de $\mathfrak{sl}(2)$, la base naturelle $\{y^n\}$ du cône diamant respecte cette stratification.

Si $\mathfrak{g}$ est une algèbre de Lie semi simple quelconque, la théorie des modules simples de dimension finie de $\mathfrak{g}$ a été l'objet de très nombreux livres et articles, citons par exemple [FH], [H], [Kn], [LT], [S], [V],... Soit $\{\alpha_1, \ldots, \alpha_\ell\}$ un système de racines simples pour $\mathfrak{g}$, soit $\{\omega_1, \ldots, \omega_\ell\}$ les poids fondamentaux correspondants. On sait que les $\mathfrak{g}$ modules simples sont caractérisés par leur plus haut poids $\lambda = \sum a_k\omega_k$, qui est une combinaison linéaire à coefficients entiers positifs des poids fondamentaux. Notons $\mathbb{V}^\lambda$ un tel module simple de plus haut poids λ.

La somme directe $\mathbb{V}$ de tous ces modules $\mathbb{V}^\lambda$ est munie d'une structure d'algèbre associative et commutative qui provient de la transposition de l'injection naturelle $\mathbb{V}^{\lambda+\mu} \longrightarrow \mathbb{V}^\lambda \otimes \mathbb{V}^\mu$. On appelle $\mathbb{V}$, qui résume en quelque sorte la théorie des modules simples de $\mathfrak{g}$, l'agèbre de forme de $\mathfrak{g}$. Cette algèbre est unitale et engendrée par l'espace $\oplus_k \mathbb{V}^{\omega_k}$. De plus, elle est quadratique, c'est à dire qu'on peut la définir par générateurs et relations, en utilisant uniquement des relations homogènes de degré 2 entre vecteurs de $\oplus_k \mathbb{V}^{\omega_k}$.

Pour les algèbres $\mathfrak{g}$ qu'on étudiera, $\mathfrak{g}$ est l'algèbre de Lie d'un groupe algébrique de matrices G et l'algèbre de forme de $\mathfrak{g}$ se réalise comme l'algèbre $\mathbb{C}[G]^{N^+}$ des fonctions régulières sur G, invariantes par multiplication à droite par les éléments du sous groupe N^+ de G d'algèbre de Lie $\mathfrak{n}^+$.

Un problème combinatoire classique est alors de décrire explicitement cette algèbre, en particulier d'en donner une base, formée d'une union de bases de chaque $\mathbb{V}^\lambda$. Dans le cas des algèbres de Lie semi simples classiques, cette construction est basée sur la notion de tableaux de Young particuliers dits tableaux de Young semi standards. Pour tout poids entier dominant $\lambda = \sum a_k\omega_k$, une base de $\mathbb{V}^\lambda$ est donnée par l'ensemble des tableaux semi standards de forme λ, c'est à dire ayant a_k colonnes de hauteur k.

Pour fixer les générateurs de $\mathbb{V}$, on choisit des vecteurs v_{ω_k} de plus haut poids dans chaque $\mathbb{V}^{\omega_k}$, et on définit le cône diamant (ou l'algèbre de forme réduite) de $\mathfrak{g}$ comme l'algèbre quotient $\mathbb{V}_{red} = \mathbb{V}/\langle v_{\omega_k} - 1, \ k = 1, \ldots, \ell\rangle$. Ce quotient est un $\mathfrak{n}$ module, en général indécomposable, union des modules $\mathbb{V}^\lambda|_\mathfrak{n}$ obtenus par l'action de $\mathfrak{n}$ sur $\mathbb{V}^\lambda$ et muni de la stratification $\mathbb{V}^{\sum b_k\omega_k} \subset \mathbb{V}^{\sum a_k\omega_k}$ si $b_k \leq a_k$ pour tout k.

Le but de notre travail est d'expliciter une base du cône diamant, pour différentes classes d'algèbres classiques, en sélectionnant, parmi les tableaux de Young semi standards, une nouvelle classe de tableaux que nous appelons tableaux de Young quasi standards. Bien entendu, on demande que cette base respecte la stratification de $\mathbb{V}_{red}$.

Ce problème est résolu pour le cas de l'algèbre de Lie spéciale linéaire $\mathfrak{sl}(m)$. Rappelons briévement cette construction ([ABW]).

On note $\mathbb{S}^\lambda$ le $\mathfrak{sl}(m)$ module simple de plus haut poids λ. On sait que $\mathbb{S}^{\omega_1}$ est réalisé comme la représentation naturelle sur $\mathbb{C}^m$ dont la base canonique est $\{e_1,\ldots,e_m\}$ et $\mathbb{S}^{\omega_k}$ comme $\wedge^k\mathbb{C}^m$ $(k=1,\ldots,m-1)$. Le module $\mathbb{S}^{\sum a_k\omega_k}$ est le sous module du produit tensoriel

$$Sym^{a_1}(\mathbb{C}^m)\otimes Sym^{a_2}(\wedge^2\mathbb{C}^m)\otimes\cdots\otimes Sym^{a_{m-1}}(\wedge^{m-1}\mathbb{C}^m)$$

engendré par $\otimes_k(v_{\omega_k})^{a_k}$ si v_{ω_k} est un vecteur de plus haut poids de $\wedge^k\mathbb{C}^m$.

Réalisons maintenant cette algèbre de forme comme une algèbre de fonctions sur $SL(m)$.

Une base de $\mathbb{S}^{\omega_k}$ est donnée par l'ensemble des fonctions sous determinants obtenues en considérant les lignes $i_1<\cdots<i_k$ et les colonnes $1,\ldots,k$ notées :

$$\delta^{(k)}_{i_1,\ldots,i_k}(g)=\det\,(g;i_1,\ldots,i_k;1,\ldots,k)$$
$$=\langle e^\star_{i_1}\wedge\cdots\wedge e^\star_{i_k},ge_1\wedge\cdots\wedge ge_k\rangle$$

où $g\in SL(m)$ et $(e_1,\ldots,e_m)$ est la base canonique de $\mathbb{C}^m$. On note ces fonctions par une colonne :

$$\delta^{(k)}_{i_1,\ldots,i_k}=\boxed{\begin{array}{c}i_1\\i_2\\\vdots\\i_k\end{array}}.$$

On note le produit usuel des fonctions δ comme un tableau formé d'une juxtaposition de colonnes (qu'on peut ranger en utilisant un ordre naturel). On apelle ces tableaux des tableaux de Young. On suppose toujours que les colonnes sont rangées par hauteurs décroissantes.

Une réalisation concrète de l'algèbre de forme de $\mathfrak{sl}(m)$ est :

$$\mathbb{S}^\bullet=\bigoplus_{\lambda\in\Lambda}\mathbb{S}^\lambda\simeq\mathbb{C}[SL(n)]^{N^+}\simeq\mathbb{C}[\delta^{(k)}_{i_1,\ldots,i_k}]/\mathcal{PL}$$

où $\mathcal{PL}$ est l'idéal des relations de Plücker, qui sont des relations quadratiques de la forme, pour tout $p\geq q\geq r$,

$$0=\delta^{(p)}_{i_1,i_2,\ldots,i_p}\delta^{(q)}_{j_1,j_2,\ldots,j_q}+\sum_{\substack{A\subset\{i_1,\ldots,i_p\}\\\#A=r}}\pm\delta^{(p)}_{(\{i_1,\ldots,i_p\}\backslash A)\cup\{j_1,\ldots,j_r\}}\delta^{(q)}_{A\cup\{j_{r+1},\ldots,j_q\}}.$$

Depuis le $19^{\text{éme}}$ siécle ([W1], [K],...), une base de l'algèbre de forme de $\mathfrak{sl}(m)$ est indexée par l'ensemble des tableaux de Young semi standards.

Rappelons qu'un tableau semi standard est un tableau rempli par des entiers inférieurs ou égaux à m qui sont croissants de gauche à droite le long de chaque ligne et strictement croissants de haut en bas le long de chaque colonne et tels que la hauteur de chaque colonne est strictement inférieure à m.

Dans cette présentation, le cône diamant de $\mathfrak{sl}(m)$ s'obtient simplement par restriction des fonctions polynomiales N^+ invariantes sur $SL(m)$ au sous groupe $N^-={}^tN^+$:

$$\mathbb{S}^\bullet_{red}=\mathbb{S}^\bullet/\langle\delta^{(k)}_{1,\ldots,k}-1\,\rangle=\mathbb{C}[\delta^{(k)}_{i_1,\ldots,i_k},i_k>k]/(\mathcal{PL}_{red}=\langle\mathcal{PL},\,\delta^{(k)}_{1,\ldots,k}-1\rangle).$$

L'idéal $\mathcal{PL}_{red}$ est engendré par les relations de Pücker réduites, c'est à dire les relations de Pücker dans lesquelles on supprime les colonnes $\delta^{(k)}_{1,\ldots,k}$.

Définition 0.0.1.

On considére un tableau T semi standard tel qu'il existe un entier k tel que la premiére

colonne de T est

1
2
$\vdots$
k
i_{k+1}
$\vdots$

et T posséde une colonne de hauteur k.

On dit qu'on pousse T si on décale les k premières lignes de T vers la gauche et on

supprime le haut trivial

1
2
$\vdots$
k

de la première colonne. On note $P_k(T)$ le tableau ainsi

obtenu.

Le tableau T est dit quasi standard s'il n'existe aucun k tel que $P_k(T)$ soit semi standard. Dans le cas contraire, T est dit non quasi standard.

Le résultat principal dans [ABW] est :

Théorème 0.0.1.

Les tableaux de Young quasi standards forment une base de l'algèbre de forme réduite, qui décrit la stratification de ce N^+ module indécomposable.

Remarquons qu'on peut présenter la notion de poussage d'un tableau T en utilisant le jeu de taquin de Schützenberger, qu'on peut shématiser comme la transformation suivante sur un tableau de Young ayant une case marquée (voir le chapitre 1), en notant les entrées $t_{i,j}$ de T avec des notations matricielles,

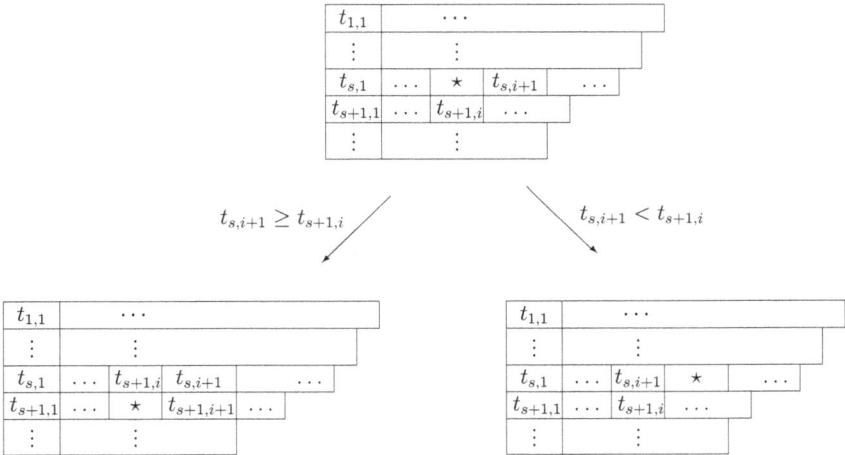

Si on place, dans le tableau T, non quasi standard 'en k', la case pointée successivement en $(k,1), (k-1,1), \ldots, (1,1)$, le jeu de taquin utilisé k fois donne le tableau $P_k(T)$. Si ce tableau est quasi standard, on s'arrête, sinon, on répète l'opération jusqu'à obtention d'un tableau quasi standard. Dans ([AK]), nous avons montré que le jeu de taquin établit ainsi une bijection entre l'ensemble des tableaux semi standards de forme $\lambda = \sum a_k \omega_k$ et l'ensemble des tableaux quasi standards de forme $\mu = \sum b_k \omega_k$, avec $b_k \leq a_k$ pour tout k (voir section 1.4.2). On termine la preuve du thórème en utilisant les relations de Plücker réduites pour montrer que chaque tableau semi standard est une combinaison linéaire de tableaux quasi standards de forme plus petite.

Le chapitre 2 de cette thèse est un travail en collaboration avec B. Agrebaoui et D. Arnal ([AAK]). L'objet de ce travail est de donner description analogue à $\mathfrak{sl}(m)$ de l'algèbre forme réduite pour les algèbres de Lie semi simples de rang deux. Cette construction se base sur le plongement de chacune de ces algèbres de Lie $\mathfrak{sl}(2) \oplus \mathfrak{sl}(2)$, $\mathfrak{sl}(3)$, $\mathfrak{sp}(4)$ et $\mathfrak{g}_2$ dans $\mathfrak{sl}(m)$ respectivement pour m=4,3,4,7 d'une façon qu'elle hèrite la décomposition triangulaire de $\mathfrak{sl}(m)$.

Si on note par $\mathfrak{g}$ une algèbre semi simple de rang deux et par G son groupe de Lie, sous groupe analytique de $SL(m)$, l'algèbre de forme $\mathbb{S}_{\mathfrak{g}}$ de $\mathfrak{g}$ est par définition :

$$\mathbb{S}_{\mathfrak{g}} = \bigoplus_{\lambda} \mathbb{S}_{\mathfrak{g}}^{\lambda} = \mathbb{C}[G]^{N^+}.$$

De fait, $\mathbb{S}_{\mathfrak{g}}$ s'identifie à $Sym(\mathbb{C}^m \oplus \wedge^2 \mathbb{C}^m)/\mathcal{PL}$ où $\mathcal{PL}$ est l'idéal engendré par des relations quadratiques. On appelle encore ces relations les relations de Plücker, mais il apparaît des relations de Plücker internes, reliant des éléments de $\mathbb{C}^m$ ou des éléments de $\wedge^2 \mathbb{C}^m$ entre eux. Ces relations existent pour $\mathfrak{g} = \mathfrak{sl}(2) \oplus \mathfrak{sl}(2)$, $\mathfrak{sp}(4)$, $\mathfrak{g}_2$, puisque les représentations $\mathbb{C}^m$, $\wedge^2 \mathbb{C}^m$ ($m = 4, 7$) ne sont pas irréductibles dans ce cas, et les relations externes, comme pour $\mathfrak{sl}(m)$.

Dans [ADLMPPrW], la notion de tableaux semi standards pour les algèbres de rang deux est définie.

Théorème 0.0.2.
L'ensemble des tableaux de Young semi standards de forme λ est noté par $\mathcal{S}_{\mathfrak{g}}(\lambda)$. On a
- $\mathcal{S}_{\mathfrak{sl}(2)\oplus\mathfrak{sl}(2)}(\lambda) = \Big\{$ tableaux semi standards usuels T de forme λ avec des entrées dans $\{1,2,3,4\}$ tels que $\boxed{2}$, $\boxed{3}$, $\boxed{\begin{smallmatrix}1\\4\end{smallmatrix}}$, $\boxed{\begin{smallmatrix}2\\3\end{smallmatrix}}$, $\boxed{\begin{smallmatrix}2\\4\end{smallmatrix}}$, $\boxed{\begin{smallmatrix}3\\4\end{smallmatrix}}$ ne sont pas des colonnes de T $\Big\}$.
- $\mathcal{S}_{\mathfrak{sl}(3)}(\lambda) = \Big\{$ tableaux semi standards usuels T de forme λ avec des entrées dans $\{1,2,3\}\Big\}$.
- $\mathcal{S}_{\mathfrak{sp}(4)}(\lambda) = \Big\{$ tableaux semi standards usuels T de forme λ avec des entrées dans $\{1,2,3,4\}$ tels que $\boxed{\begin{smallmatrix}2\\3\end{smallmatrix}}$ n'est pas une colonne de T et après $\boxed{\begin{smallmatrix}1\\4\end{smallmatrix}}$ la colonne suivante ne peut être ni $\boxed{1}$ ni $\boxed{\begin{smallmatrix}1\\4\end{smallmatrix}}$ $\Big\}$.
- $\mathcal{S}_{\mathfrak{g}_2}(\lambda) = \Big\{$ tableaux semi standards usuels T de forme λ avec des entrées dans

$\{1,2,3,4,5,6,7\}$ tels que la colonne $\boxed{4}$ apparaît au plus une fois, les colonnes $\begin{smallmatrix}2\\3\end{smallmatrix}$,

$\begin{smallmatrix}2\\4\end{smallmatrix}$, $\begin{smallmatrix}3\\4\end{smallmatrix}$, $\begin{smallmatrix}3\\5\end{smallmatrix}$, $\begin{smallmatrix}4\\5\end{smallmatrix}$, $\begin{smallmatrix}4\\6\end{smallmatrix}$, $\begin{smallmatrix}5\\6\end{smallmatrix}$ n'apparaissent pas, plus les restrictions données par la tabble $\big\}$.

Colonne T^i de T	Alors la colonne suivante T^{i+1} de T ne peut pas être...
$\boxed{4}$	$\boxed{4}$
$\begin{smallmatrix}1\\4\end{smallmatrix}$	$\boxed{1}$, $\begin{smallmatrix}1\\4\end{smallmatrix}$, $\begin{smallmatrix}1\\5\end{smallmatrix}$, $\begin{smallmatrix}1\\6\end{smallmatrix}$, $\begin{smallmatrix}1\\7\end{smallmatrix}$
$\begin{smallmatrix}1\\5\end{smallmatrix}$	$\boxed{1}$, $\begin{smallmatrix}1\\5\end{smallmatrix}$, $\begin{smallmatrix}1\\6\end{smallmatrix}$, $\begin{smallmatrix}1\\7\end{smallmatrix}$
$\begin{smallmatrix}1\\6\end{smallmatrix}$	$\boxed{1}$, $\boxed{2}$, $\begin{smallmatrix}1\\6\end{smallmatrix}$, $\begin{smallmatrix}1\\7\end{smallmatrix}$, $\begin{smallmatrix}2\\6\end{smallmatrix}$, $\begin{smallmatrix}2\\7\end{smallmatrix}$
$\begin{smallmatrix}2\\6\end{smallmatrix}$	$\boxed{2}$, $\begin{smallmatrix}2\\6\end{smallmatrix}$, $\begin{smallmatrix}2\\7\end{smallmatrix}$
$\begin{smallmatrix}1\\7\end{smallmatrix}$	$\boxed{1}$, $\boxed{2}$, $\boxed{3}$, $\boxed{4}$, $\begin{smallmatrix}1\\7\end{smallmatrix}$, $\begin{smallmatrix}2\\7\end{smallmatrix}$, $\begin{smallmatrix}3\\7\end{smallmatrix}$, $\begin{smallmatrix}4\\7\end{smallmatrix}$
$\begin{smallmatrix}2\\7\end{smallmatrix}$	$\boxed{2}$, $\boxed{3}$, $\boxed{4}$, $\begin{smallmatrix}2\\7\end{smallmatrix}$, $\begin{smallmatrix}3\\7\end{smallmatrix}$, $\begin{smallmatrix}4\\7\end{smallmatrix}$
$\begin{smallmatrix}3\\7\end{smallmatrix}$	$\boxed{3}$, $\boxed{4}$, $\begin{smallmatrix}3\\7\end{smallmatrix}$, $\begin{smallmatrix}4\\7\end{smallmatrix}$
$\begin{smallmatrix}4\\7\end{smallmatrix}$	$\boxed{4}$, $\begin{smallmatrix}4\\7\end{smallmatrix}$

Dans le chapitre 1, nous présenterons brièvement la construction de [ADLMPPrW].

Nous considérons maintenant la restriction des fonctions de $\mathbb{S}_{\mathfrak{g}}$ au sous groupe ${}^tN^+$, l'algèbre de forme réduite $\mathbb{S}_{\mathfrak{g}}^{red}$ est :

$$\mathbb{S}_{\mathfrak{g}}^{red} = \mathbb{C}[G]^{N^+}/\langle \delta_1^{(1)} - 1, \delta_{1,2}^{(2)} - 1\rangle \simeq \mathbb{C}[N^-].$$

Comme pour $\mathfrak{sl}(m)$, pour définir les tableaux de Young quasi standards pour chaque $\mathfrak{g}$, on part d'un tableau T semi standard pour $\mathfrak{g}$, si le haut de la première colonne (k cases) est trivial, on essaie de pousser les k premières lignes vers la gauche. Ceci fait, on peut obtenir des colonnes non admissibles, c'est à dire des colonnes qui sont des tableaux semi standards pour $\mathfrak{sl}(m)$ mais pas pour $\mathfrak{g}$. On tansforme alors chacune de ces colonnes en la colonne admissible correspondante, c'est à dire le plus grand tableau semi standard pour $\mathfrak{g}$ apparaissant dans la relation de Plücker interne contenant notre colonne. On regarde enfin si le nouveau tableau obtenu est semi standard. Si ce n'est pas le cas, on dira que le tableau T est quasi standard. Cette généralisation immédiate du cas de $\mathfrak{sl}(m)$ donne le résultat sauf pour $\mathfrak{g}_2$ où, de plus, on doit accepter la colonne $\begin{smallmatrix}4\\4\end{smallmatrix}$ que l'on remplace par $\begin{smallmatrix}1\\7\end{smallmatrix}$. Rappelons que :

Cas de $\mathfrak{sl}(3)$:

Soit $T = \begin{array}{|c|c|c|c|c|c|} \hline a_1 & \cdots & a_p & a_{p+1} & \cdots & a_{p+q} \\ \hline b_1 & \cdots & b_p \\ \hline \end{array}$ un tableau de Young semi standard. T est dit quasi standard si :

- $\begin{array}{|c|} \hline a_1 \\ \hline b_1 \\ \hline \end{array} \neq \begin{array}{|c|} \hline 1 \\ \hline 2 \\ \hline \end{array}$

  et

- $a_1 > 1$ ou il existe $i = 1, ..., p$ tel que $a_{i+1} > b_i$.

Notre résultat s'énonce ainsi :

Théorème 0.0.3.

1. Cas de $\mathfrak{sl}(2) \oplus \mathfrak{sl}(2)$:

   Un tableau semi standard pour $\mathfrak{sl}(2) \times \mathfrak{sl}(2)$ est quasi standard si et seulement s'il est quasi standard pour $\mathfrak{sl}(4)$.

2. Cas de $\mathfrak{sp}(4)$:

   Un tableau semi standard pour $\mathfrak{sp}(4)$ est quasi standard si et seulement s'il est quasi standard pour $\mathfrak{sl}(4)$.

3. Cas de $\mathfrak{g}_2$:

   Soit $T = \begin{array}{|c|c|c|c|c|c|} \hline a_1 & \cdots & a_p & a_{p+1} & \cdots & a_{p+q} \\ \hline b_1 & \cdots & b_p \\ \hline \end{array}$ un tableau de Young semi standard. T est dit quasi standard si :

   - $\begin{array}{|c|} \hline a_1 \\ \hline b_1 \\ \hline \end{array} \neq \begin{array}{|c|} \hline 1 \\ \hline 2 \\ \hline \end{array}$

     et

   - $a_1 > 1$ ou il existe $i = 1, ..., p$ tel que $a_{i+1} > b_i$ ou $a_{i+1} = b_i \neq 4$.

Les tableaux quasi standards ainsi définis forment une base du cône diamant des algèbres $\mathfrak{sl}(2) \times \mathfrak{sl}(2)$, $\mathfrak{sp}(4)$ et $\mathfrak{g}_2$.

Dans le troisième chapitre ([AK]), on construit le cône diamant symplectique, c'est à dire le cône diamant de $\mathfrak{sp}(2m)$. Soient $(e_1, \ldots, e_m, e_{\overline{m}}, \ldots, e_{\overline{1}})$ une base de $\mathbb{C}^{2m}$ et

$$\Omega = \sum e_i \wedge e_{\overline{i}}$$

la forme symplectique. On regarde $\mathfrak{sp}(2m)$ comme une sous algèbre de $\mathfrak{sl}(2m)$. Les représentations fondamentales, notées $\mathbb{S}^{\langle \omega_k \rangle}$, sont les sous modules de $\wedge^k \mathbb{C}^{2m}$, $(k = 1, \ldots, m)$ de plus haut poids les poids fondamentaux ω_k, poids du vecteur $e_1 \wedge \cdots \wedge e_k$. Un système de générateurs de $\mathbb{S}^{\langle \omega_k \rangle}$ est donné par les fonctions 'colonnes' suivantes définies sur le groupe $SP(2m)$:

$$\delta_{i_1, \ldots, i_k}^{(k)}(g) = \langle e_{i_1}^* \wedge \cdots \wedge e_{i_k}^*, g e_1 \wedge \cdots \wedge g e_k \rangle \quad (k \leq m, \ g \in SP(2m)).$$

Ces fonctions ne sont pas indépendantes. Par exemple, si $A = \{p_1 < p_2 < \cdots < p_s\}$, $D = \{q_1 < \cdots < q_t\}$ sont des parties de $\{1, \ldots, n\}$, on pose

$$e_{A\overline{D}}^{(\star)} = e_{p_1}^{(\star)} \wedge \cdots \wedge e_{p_s}^{(\star)} \wedge e_{\overline{q_t}}^{(\star)} \wedge \cdots \wedge e_{\overline{q_1}}^{(\star)}.$$

Si $k = t + s + 2 \leq n$, on a

$$\langle e_{A\overline{D}}^* \wedge \Omega, g e_{\{1, \ldots, k\}} \rangle = \sum_{i=1}^n \pm \langle e_{A \cup \{i\} \overline{D \cup \{i\}}}^*, g e_{\{1, \ldots, k\}} \rangle$$

$$= \langle {}^t g e_{A\overline{D}}^* \wedge \Omega, e_{\{1 \ldots k\}} \rangle = 0.$$

On montre que ce sont les seules relations homogènes de degré 1 ce sont donc les relations de Plücker internes de $\mathfrak{sp}(2m)$.

De Concini en 1979 a développé la notion de tableaux semi standards pour $\mathfrak{sp}(2m)$ ([DeC]). En 1994, une autre description combinatoire des bases cristallines symplectiques, en termes de tableaux semi standards symplectiques, a été présentée par M. Kashiwara et T. Nakashima (voir [KN]). En réalité, ces deux constructions sont équivalentes, une bijection explicite a été donnée par J. T. Sheats ([Sh]). Dans la suite, nous allons adapter la version des tableau semi standards symplectiques de De Concini.

Définissons d'abord les colonnes semi standards symplectiques.

Définition 0.0.2.

Soit $A, D \subset \{1, \ldots, m\}$ tels que $k = \#A + \#D \leq m$. Posons

$$\frac{A}{D} = \delta^{(k)}_{p_1, \ldots, p_s, \overline{q_t}, \ldots, \overline{q_1}},$$

si $A = \{p_1 < p_2 < \cdots < p_s\}$, $D = \{q_1 < \cdots < q_t\}$. Posons $I = A \cap D = \{i_1, \ldots, i_r\}$.

On dit que la colonne $\dfrac{A}{D}$ est semi standard symplectique si $\{1, \ldots, m\} \setminus A \cup D$ contient au moins un élément $j > i_r$, deux éléments $j, j' > i_{r-1}$, etc...

On montre ([DeC]) que les colonnes semi standards symplectiques de hauteur k forment une base du module fondamental $\mathbb{S}^{\langle \omega_k \rangle}$.

Soit $\dfrac{A}{D}$ une colonne semi standard symplectique. On note $I = A \cap D$, $J = \{j_1, \ldots, j_r\}$ la plus petite partie, pour l'ordre lexicographique, de $\{1, \ldots, m\} \setminus A \cup D$ telle que $\#J = \#I$, $i_1 < j_1, \ldots, i_r < j_r$. On appelle double de la colonne $\dfrac{A}{D}$ le tableau :

$$dble\left(\frac{A}{D}\right) = \frac{A}{C} \ \frac{B}{D} \quad \text{où} \ B = (A \backslash I) \cup J \ \text{et} \ C = (D \backslash I) \cup J.$$

Alors $dble\left(\dfrac{A}{D}\right)$ est un tableau de Young semi standard pour $\mathfrak{sl}(2m)$ avec l'ordre choisi sur les indices : $1 < 2 < \cdots < m < \overline{m} < \cdots < \overline{1}$.

Par définition (voir [DeC]), un tableau semi standard symplectique $T = (C_1, \ldots, C_p)$ est un tableau dont toutes les colonnes sont semi standards symplectiques et tel que $dble(T) = (dble(C_1), \ldots, dble(C_p))$ est semi standard pour $\mathfrak{sl}(2m)$. Notons maintenant $\mathbb{S}^{\langle \lambda \rangle}$ le $\mathfrak{sp}(2m)$ module simple de plus haut poids $\lambda = \sum a_k \omega_k$. C'est le $\mathfrak{sp}(2m)$ module engendré par le vecteur de poids λ dans

$$Sym^{a_1}(\mathbb{S}^{\langle \omega_1 \rangle}) \otimes \cdots \otimes Sym^{a_n}(\mathbb{S}^{\langle \omega_n \rangle}).$$

Comme pour $\mathfrak{sl}(2m)$, om montre que l'algèbre de forme de $\mathfrak{sp}(2m)$ est :

$$\mathbb{S}^{\langle \bullet \rangle} = \oplus \ \mathbb{S}^{\langle \lambda \rangle} \simeq \mathbb{C}[SP(2m)]^{N^+}$$

où N^+ est le sous groupe de $SP(2m)$ formé des matrices unipotentes supérieures. De Concini a montré que les tableaux de Young semi standards symplectiques forment une base de cette algèbre.

En restreignant les fonctions δ à $N^- =^t N^+$, on obtient l'algèbre de forme réduite $\mathbb{S}_{red}^{\langle\bullet\rangle}$ de $\mathfrak{sp}(2m)$:

$$\mathbb{S}_{red}^{\langle\bullet\rangle} = \mathbb{S}^{\langle\bullet\rangle} \big/ < \delta_{1,\ldots,k}^{(k)} - 1 >, \quad k = 1, 2, \ldots, m.$$

Une première description du cône diamant symplectique est donnée par :

Théorème 0.0.4.

i) $\mathbb{S}_{red}^{\langle\bullet\rangle}$ est un N^+ module indécomposable.

ii) $\mathbb{S}_{red}^{\langle\bullet\rangle}$ est l'union des $\mathbb{S}_{\mathfrak{n}^+}^{\langle\lambda\rangle}$, stratifiée par :

$$\mu \leq \lambda \iff \mathbb{S}_{\mathfrak{n}^+}^{\langle\mu\rangle} \subset \mathbb{S}_{\mathfrak{n}^+}^{\langle\lambda\rangle}.$$

iii) Tout $\mathfrak{n}^+$ module monogène localement nilpotent est un quotient d'un des $\mathbb{S}_{\mathfrak{n}^+}^{\langle\lambda\rangle}$.

iv) On a $\mathbb{S}_{red}^{\bullet} = \mathbb{S}_{(n)\ red}^{\bullet} \big/ J^{\langle\bullet\rangle}$ où

$$\mathbb{S}_{(n)\ red}^{\bullet} = \bigoplus_{\lambda=(\lambda_1,\ldots,\lambda_n,0,\ldots,0)} \mathbb{S}^{\lambda} \big/ < \delta_{1,\ldots,k}^{(k)} - 1, \ k \leq n > .$$

et $J^{\langle\bullet\rangle}$ et l'idéal engendré par les relations de Plücker internes.

On introduit alors la notion de tableau quasi standard pour $\mathfrak{sp}(2m)$, qu'on appelle tableau quasi standard symplectique :

Définition 0.0.3.

Soit T un tableau de Young semi standard symplectique.

On dit que T est quasi standard symplectique si $dble(T)$ est quasi standard pour $\mathfrak{sl}(2m)$.

Remarquons qu'un tableau de Young T semi standard symplectique peut être quasi standard pour $\mathfrak{sl}(2m)$ sans que son double le soit. En voici un exemple

$$T = \begin{array}{|c|c|} \hline 1 & 2 \\ \hline 2 & \bar{2} \\ \hline \bar{2} \\ \cline{1-1} \end{array} \implies dble(T) = \begin{array}{|c|c|c|c|} \hline 1 & 1 & 2 & 3 \\ \hline 2 & 3 & \bar{3} & \bar{2} \\ \hline \bar{3} & \bar{2} \\ \cline{1-2} \end{array}$$

T est semi standard pour $\mathfrak{sp}(6)$, quasi standard pour $\mathfrak{sl}(6)$ mais $dble(T)$ n'est pas quasi standard pour $\mathfrak{sl}(6)$, donc T n'est pas quasi standard pour $\mathfrak{sp}(6)$.

Sheats dans [Sh] a défini et étudié une variante du jeu de taquin qu'il a appelé jeu de taquin symplectique (voir chapitre suivant). On montre que le jeu de taquin symplectique permet de pousser les tableaux non quasi standards symplectiques, exactement comme le jeu de taquin permettait de pousser les tableaux non quasi standards. En répétant cette opération jusqu'à l'obtention d'un tableau quasi standard symplectique, on définit une application de l'ensemble $SS^{\langle\lambda\rangle}$ des tableaux semi standards symplectiques dans l'union des ensembles $QS^{\langle\mu\rangle}$ des tableaux quasi standards symplectiques de forme μ, $\mu \leq \lambda$. Grâce aux propriétés du jeu de taquin symplectique, on a :

Théorème 0.0.5.

Cette application

$$SS^{\langle\lambda\rangle} \longrightarrow \sqcup_{\mu\subset\lambda}QS^{\langle\mu\rangle}$$

est bijective.

D'autre part, en appliquant les relations de Plücker aux tableaux de Young non quasi standards symplectiques, nous prouvons :

Théorème 0.0.6.

Tout tableau semi standard symplectique de forme λ est une combinaison linéaire de tableaux quasi standards symplectiques de forme $\mu \leq \lambda$.

L'ensemble des tableaux quasi standards symplectiques est donc une base de $\mathbb{S}^{\langle\bullet\rangle}$, adaptée à la stratification des $\mathfrak{n}^+$ modules $\mathbb{S}^{\langle\lambda\rangle}|_{\mathfrak{n}^+}$.

Dans le quatrième chapitre ([Kh]), nous considérons la super algèbre de Lie $\mathfrak{sl}(m|1)$. Comme pour le cas des algèbres de Lie, tout module simple de dimension finie d'une super algèbre de Lie est caractérisé par son plus haut poids λ mais l'ensemble de ces poids n'est plus dénombrable. Par conséquent, on ne peut pas décrire la somme directe de tous les modules simples $\mathbb{V}^\lambda$ à partir d'un ensemble dénombrable de tableaux de Young.

De plus, si tout module de dimension finie d'une algèbre de Lie semi simple est complétement réductible, cette propriété n'est pas valide pour les super algèbres de Lie.

Pour ces raisons, nous nous restreignons ici aux représentations tensorielles covariantes de notre algèbre $\mathfrak{sl}(m|1)$.

Soit $(e_1,\ldots,e_{m+1})$ la base canonique de $V = \mathbb{C}^{m|1}$. Les représentations fondamentales pour $\mathfrak{sl}(m|1)$ sont les modules $\wedge^r V$, $r = 1,2,\ldots$, notés aussi $\mathbb{S}^{\langle\omega_r\rangle}$, avec comme vecteur de plus haut poids :

$$e_1, e_1 \wedge e_2, \ldots, e_1 \wedge \ldots \wedge e_{m-1} \quad (r < m)$$

$$e_1 \wedge \ldots \wedge e_m, \ldots, e_1 \wedge \ldots \wedge e_m \wedge \underbrace{e_{m+1} \wedge \ldots \wedge e_{m+1}}_{(k \text{ fois})} \qquad (r = m + k \geq m)$$

Les modules simples $\mathbb{S}^{\langle\lambda\rangle}$ dans l'algèbre tensorielle $T(\mathbb{C}^{m|1})$ ont pour plus haut poids les poids :

$$\lambda = \sum_{j=1}^{m} b_j\omega_j \qquad (b_j \in \mathbb{N}),$$

$$\lambda = \sum_{j=1}^{m} b_j\omega_j + \omega_{m+k} = \sum_{j=1}^{m-1} b_j\omega_j + (b_m + k + 1)\omega_m(b_j \in \mathbb{N}, k > 0).$$

Nous définissons donc l'algèbre de forme de $\mathfrak{sl}(m|1)$ par :

$$\mathbb{S} = \bigoplus_{\lambda\in\Lambda_{cov}} \mathbb{S}^{\langle\lambda\rangle}$$

$$= \bigoplus_{\lambda\in\Lambda_{cov}^{(0)}} \mathbb{S}^{\langle\lambda\rangle} \oplus \bigoplus_{k=1}^{\infty} \bigoplus_{\lambda\in\Lambda_{cov}^{(k)}} \mathbb{S}^{\langle\lambda\rangle}$$

$$= \bigoplus_{k=0}^{\infty} M^{(k)}$$

où

$$\Lambda_{cov} = \{\lambda = \sum_{j=1}^{m} b_j\omega_j; \ b_j \in \mathbb{N}\} \cup \bigcup_{k=1}^{\infty}\{\lambda = \sum_{j=1}^{m} b_j\omega_j + \omega_{m+k}; \ b_j \in \mathbb{N}\}$$

$$= \Lambda_{cov}^{(0)} \cup \bigcup_{k=1}^{\infty} \Lambda_{cov}^{(k)}.$$

Le notion de tableau de Young semi standard pour $\mathfrak{sl}(m|n)$ a été introduite par Berele et Regev (voir [BR]) et King et Welsh (voir [KW]).

Définition 0.0.4.

Posons $I = I_{\bar{0}} \cup I_{\bar{1}}$, où $I_{\bar{0}} = \{1, 2, \ldots, m\}$ et $I_{\bar{1}} = \{m+1\}$. Un tableau de Young T^λ de forme λ est semi standard pour $\mathfrak{sl}(m|1)$ si et seulement si :

i) Le remplissage de T^λ se fait par des entiers de I,

ii) L'ensemble d'entiers dans $I_{\bar{0}}$ forme un tableau T^μ, pour un certain $\mu \le \lambda$, dans T^λ,

iii) Les entiers dans $I_{\bar{0}}$ sont strictement croissants du haut en bas le long de chaque colonne de T^μ,

iv) L'ensemble d'entiers dans $I_{\bar{0}}$ sont croissants du gauche à droite le long de chaque ligne de T^μ,

v) Les entiers dans $I_{\bar{1}}$ sont croissants du haut en bas le long de chaque colonne de $T^{\lambda\backslash\mu}$,

vi) Les entiers dans $I_{\bar{1}}$ sont strictement croissants de gauche à droite le long de chaque ligne de $T^{\lambda\backslash\mu}$.

Dans [BR] et [KW], Berele-Regev et King-Welsh considérent des relations entre deux colonnes, dites relations de Garnir, plus générales que les relations de Plücker, au lieu d'échanger une partie de r éléments des entrées de la première colonne avec les r premiers éléments de la seconde, on échange deux parties de r éléments prises parmi les entrées des deux colonnes. Dans le cas de la super algèbre de Lie $\mathfrak{sl}(m|1)$, il faut graduer ces relations pour tenir compte de la parité des entrées des colonnes.

Ainsi un tableau semi standard T a au plus une colonne de hauteur plus grande que m, la première colonne. Notons $|T|$ la hauteur de la première colonne de T.

Le résultat principal de Berele-Regev [BR] et King-Welsh [KW] est :

Théorème 0.0.7.

1) Le module $\mathbb{S}$ est le quotient de l'algèbre symétrique $S(\oplus\mathbb{S}^{(\omega_r)})$ par l'idéal engendré par les relations de Garnir.

2) Une base pour $\mathbb{S}$ est donnée par la collection des tenseurs e_T pour tout tableau de Young T semi standard.

Pour $\mathfrak{sl}(m|1)$, nous prouvons dans [Kh], que les relations de Garnir sont équivalentes aux relations de Plücker graduées. On a donc aussi

$$\mathbb{S} = S(\oplus\mathbb{S}^{(\omega_k)})/\mathcal{PL}.$$

Définissons maintenant l'algèbre de forme réduite pour $\mathfrak{sl}(m|1)$ de la même façon que pour $\mathfrak{sl}(m)$.

Définition 0.0.5.

L'algèbre de forme réduite $\mathbb{S}_{red}$ pour $\mathfrak{sl}(m|1)$ est le quotient de l'algèbre de forme $\mathbb{S}$ par l'idéal engendré par les éléments :

$$\delta_{1,\ldots,j}^{(j)} - 1 = \begin{array}{|c|} \hline 1 \\ \hline 2 \\ \hline \vdots \\ \hline j \\ \hline \end{array} - 1 \quad (j \le m).$$

Notons π la projection canonique de $\mathbb{S}$ sur $\mathbb{S}_{red}$, et posons :

$$t^{(0)} = \pi(1), \quad t^{(k)} = \pi\left(\delta_{1,2,\ldots,m,m+1,\ldots,m+1}^{(m+k)}\right) \quad (k > 0).$$

Introduisons le facteur nilpotent $\mathfrak{n} = \mathfrak{n}^+$ de la décomposition triangulaire de $\mathfrak{sl}(m|1)$. L'algèbre $\mathbb{S}_{red}$ est un $\mathfrak{n}$ module, qui est décrit par :

Proposition 0.0.1.

1) L'espace $(\mathbb{S}_{red})_0$ des vecteurs u dans $\mathbb{S}_{red}$ lels que $\mathfrak{n}^+ u = 0$ est exactement $\displaystyle\bigoplus_{k=0}^{\infty} \mathbb{C} t^{(k)}$.

2) Comme $\mathfrak{n}$ module, $\mathbb{S}_{red}$ est la somme directe $\displaystyle\bigoplus_{k=0}^{\infty} M^{(k)}$ de modules indecomposables,

où :
$$M^{(k)} = \pi\left(Vect(T, \quad |T| = m+k)\right), \text{ si } k > 0,$$
et
$$M^{(0)} = \pi\left(Vect(T, \quad |T| \le m)\right).$$

3) Pour tout λ, les $\mathfrak{n}$ modules $\mathbb{S}^{(\lambda)}$ et $\pi(\mathbb{S}^{(\lambda)})$ sont isomorphes.

4) Pour tout $\mu \le \lambda$ dans $\Lambda_{cov}^{(0)}$ et tout k, $\pi(\mathbb{S}^{(\mu)})$ est un sous module de $\pi(\mathbb{S}^{(\lambda)})$ et $\pi(\mathbb{S}^{(\mu+\omega_{m+k})})$ est un sous module de $\pi(\mathbb{S}^{(\lambda+\omega_{m+k})})$.

Afin de construire une base pour $\mathbb{S}_{red}$, nous définissons les tableaux de Young quasi standards pour $\mathfrak{sl}(m|1)$ exactement comme pour $\mathfrak{sl}(m)$.

Définition 0.0.6.

Soit T un tableau semi standard pour $\mathfrak{sl}(m|1)$ telqu'il existe s tel que la première colonne de T est $C = \begin{array}{|c|} \hline 1 \\ \hline \vdots \\ \hline s \\ \hline t_{s+1,1} \\ \hline \vdots \\ \hline t_{C,1} \\ \hline \end{array}$ et T possède une colonne de hauteur s.

On dit qu'on pousse T si on décale les s premières lignes de T vers la gauche et supprime la sous colonne $\begin{array}{|c|} \hline 1 \\ \hline \vdots \\ \hline s \\ \hline \end{array}$.

On note $P_s(T)$ le tableau ainsi obtenu. Si $P_s(T)$ est semi standard, on dit que T n'est pas quasi standard en s. S'il n'existe aucun tel s, on dit que T est un tableau quasi standard.

Lemme 0.0.2.

Il y a une bijection de l'ensemble SS_λ de tous les tableaux de Young semi standards de forme λ et la réunion disjointe $\sqcup_{\mu \leq \lambda} QS_\mu$ de tous les tableaux de Young quasi standards $\mu \leq \lambda$.

Théorème 0.0.8.

Les tableaux de Young quasi standards definissent une base pour $\mathbb{S}_{red}$.

Plus précisement, pour tout k, pour tout λ dans $\Lambda_{cov}^{(k)}$, on a :

$$\{\pi(T), \quad T \in QS_\mu^{(k)}, \mu \leq \lambda\} \text{ est une base pour } \pi(\mathbb{S}^{(\lambda)})$$

où $QS_\mu^{(k)}$ est l'ensemble des tableaux quasi standards de forme μ et si $k > 0$ tel que $\mu \in \Lambda_{cov}^{(k)}$.

Chapitre 1

Préliminaires

1.1 Algèbres de Lie semi simples

Définitions 1.1.1.

1) Une algèbre de Lie $\mathfrak{g}$ est un espace vectoriel sur un corps $\mathbb{K}$ muni d'une application bilinéaire $[.,.] : \mathfrak{g} \times \mathfrak{g} \longrightarrow \mathfrak{g}$, appellée crochet de Lie et vérifiant :

   i) $[X, Y] = -[Y, X], \ \forall \ X, Y \in \mathfrak{g}$, ceci est équivalent à $[X, X] = 0 \ \forall \ X \in \mathfrak{g}$ lorsque $Car(\mathbb{K}) \neq 2$.

   ii) $[X, [Y, Z]] + [Y, [Z, X]] + [Z, [X, Y]] = 0, \ \forall \ X, Y, Z \in \mathfrak{g}$: identité de Jacobi.

2) Un idéal $\mathfrak{a}$ de $\mathfrak{g}$ est un sous espace tel que $[X, A] \in \mathfrak{a}$ pour tout $A \in \mathfrak{a}$ et tout $X \in \mathfrak{g}$.

3) $\mathfrak{g}$ est dite commutative si $[X, Y] = 0$ pour tout X et tout Y de $\mathfrak{g}$.

4) $\mathfrak{g}$ est dite semi simple si tout idéal commutatif de cette algèbre de Lie est nul.

Dans cete thèse, on ne considère que les algèbres de Lie sur $\mathbb{C}$. L'exemple fondamental d'algèbre de Lie est l'espace noté $\mathfrak{gl}(V)$ des endomorphismes d'un espace vectoriel V sur $\mathbb{C}$ muni du crochet $[X, Y] = X.Y - Y.X$.

Définition 1.1.1.

1) Soient $\mathfrak{g}$ et $\mathfrak{g}'$ deux algèbres de Lie.

   Un homomorphisme d'algèbres de Lie de $\mathfrak{g}$ dans $\mathfrak{g}'$ est une application linéaire

$$\pi : \mathfrak{g} \longrightarrow \mathfrak{g}' \text{ vérifiant} : [\pi(X), \pi(Y)] = \pi([X, Y]) \ \forall \ X, Y \in \mathfrak{g}.$$

2) Une représentation $\rho : \mathfrak{g} \longrightarrow \mathfrak{gl}(V)$ est un homomorphisme d'algèbres de Lie. Dans ce cas, on dit que V est un $\mathfrak{g}$-module.

3) Deux représentations $\rho : \mathfrak{g} \longrightarrow \mathfrak{gl}(V)$ et $\rho' : \mathfrak{g} \longrightarrow \mathfrak{gl}(V')$ sont dites équivalentes s'il existe une bijection linéaire $f : V \longrightarrow V'$ telle que pour tout X de $\mathfrak{g}$, $\rho'(X) \circ f = f \circ \rho(X)$.

4) La représentation ρ est dite irréductible (ou simple) si $V \neq \{0\}$ et V ne posséde pas de sous espaces invariants non trivial.

4) La représentation ρ est dite complétement réductible si elle se décompose comme somme directe de représentations irréductibles.

5) La représentation ρ est dite indécomposable si on ne peut pas écrire V sous la forme $V = W_1 \oplus W_2$ avec W_1 et W_2 sont des sous espaces invariants non triviaux.

1.1.1 Rappels sur la structure et la théorie des modules simples

Définition 1.1.2.

Soit $\mathfrak{g}$ une algèbre de Lie semi simple.

Une sous algèbre de Cartan de $\mathfrak{g}$ est une sous algèbre nilpotente $\mathfrak{h}$ égale à son normalisateur $\mathcal{N}(\mathfrak{h}) = \{X \in \mathfrak{g}, [X, \mathfrak{h}] \subseteq \mathfrak{h}\}$.

Définitions 1.1.2.

Soit $\mathfrak{g}$ une algèbre de Lie semi simple, $\mathfrak{h}$ est une sous algèbre de Cartan de $\mathfrak{g}$ et $\mathfrak{h}^*$ le dual de $\mathfrak{h}$.

1) Soient V un $\mathfrak{g}$-module et $\lambda \in \mathfrak{h}^*$. On note : $V_\lambda = \{v \in V/\ h.v = \lambda(h)v\ \forall\ h \in \mathfrak{h}\}$. Si $V_\lambda \neq \{0\}$, on dit que λ est un poids de V et V_λ est le sous espace de poids associé à λ. On note $P(V)$ l'ensemble de poids de V.

2) Pour $\alpha \in \mathfrak{h}^*$, on pose : $\mathfrak{g}_\alpha = \{x \in \mathfrak{g}/[h, x] = \alpha(h)x\ \forall\ h \in \mathfrak{h}\}$. On appelle racine de $\mathfrak{g}$ toute $\alpha \in \mathfrak{h}^* - \{0\}$ tel que $\mathfrak{g}_\alpha \neq \{0\}$. On note $\Delta = \{\alpha \in \mathfrak{h}^*/\mathfrak{g}_\alpha \neq 0\}$ l'ensemble des racines de $\mathfrak{g}$.

3) Un sous systéme $\Pi = \{\alpha_1, ..., \alpha_r\}$ de Δ est dit systéme de racines simples de $\mathfrak{g}$ si Π est une base de $\mathfrak{h}^*$ telle que chaque $\beta \in \Delta$ peut être représentée sous la forme : $\beta = \sum_{\alpha_i \in \Pi} k_{\alpha_i} \alpha_i$ où $k_{\alpha_i} \in \mathbb{Z}$ sont tous positifs ou tous négatifs. un tel système existe toujours.

4) On appelle réseau de poids le réseau $Q := \mathbb{Z}\Pi := \mathbb{Z}\Delta$ et on note $Q_+ := \mathbb{N}\Delta$.
   On note $\Delta^+ := \Delta \cap Q_+$ (resp. $\Delta^- := \Delta \cap (-Q_+)$) l'ensemble des racines positives (resp. des racines négatives) de $\mathfrak{g}$, $\mathfrak{n}^+ = \oplus_{\alpha \in \Delta^+} \mathfrak{g}_\alpha$ et $\mathfrak{n}^- = \oplus_{\alpha \in \Delta^-} \mathfrak{g}_\alpha$. Chaque $\mathfrak{g}_\alpha$ est de dimension 1. on choisit pour chaque α de Δ un vecteur non nul $X_\alpha \in \mathfrak{g}_\alpha$.

L'algèbre de Lie $\mathfrak{g}$ admet la décomposition triangulaire suivante :

$$\mathfrak{g} = \mathfrak{n}^- \oplus \mathfrak{h} \oplus \mathfrak{n}^+.$$

Rappel

Soit $\mathfrak{g}$ une algèbre de Lie semi simple sur un corps $\mathbb{K}$. Soient $X, Y \in \mathfrak{g}$, on définit une forme bilinéaire symétrique sur $\mathfrak{g}$ par :

$$K : \quad \begin{array}{ccc} \mathfrak{g} \times \mathfrak{g} & \longrightarrow & \mathbb{K} \\ (X, Y) & \longmapsto & K(X, Y) = \operatorname{tr}(\operatorname{ad}_X \circ \operatorname{ad}_Y) \end{array}$$

K est appelée la forme de Killing de $\mathfrak{g}$. On montre que K est non dégénèrée sur $\mathfrak{g}$ et même que $K/_{\mathfrak{h} \times \mathfrak{h}}$ est aussi non dégénérée.

Remarque 1.1.1.

Puisque $K/_{\mathfrak{h} \times \mathfrak{h}}$ est non dégénérée, il existe un isomorphisme naturel de $\mathfrak{h}^*$ dans $\mathfrak{h}$. Pour chaque $\alpha \in \mathfrak{h}^*$ correspond l'unique élément H_α de $\mathfrak{h}$ tel que :

$$\alpha(H) = K(H, H_\alpha) \text{ pour tout } H \text{ de } \mathfrak{h}.$$

On pose $h_\alpha = \frac{2}{K(H_\alpha, H_\alpha)} H_\alpha$.

Définition 1.1.3.

1) $\lambda \in \mathfrak{h}^*$ est dit poids entier dominant de $\mathfrak{g}$ si $\lambda(h_{\alpha_i}) \in \mathbb{Z}^+ \; \forall \; \alpha_i \in \Pi$. On note Λ l'ensemble des poids entiers dominants.

2) Les poids $w_i \in \mathfrak{h}^*$ vérifiant $w_i(h_{\alpha j}) = \delta_{ij}, \; \forall \; \alpha_j \in \Pi$ sont appelés les poids fondamentaux de $\mathfrak{g}$.

3) On dit que le poids $\lambda \in Q$ est le plus haut poids d'un $\mathfrak{g}$-module irréductible V si $\lambda \in P(V)$ et $\forall \; \mu \in P(V)$, on a : $\mu = \lambda - \alpha$ où $\alpha \in Q_+$.

Remarque 1.1.2.

La relation $\mu \leq \lambda$ si et seulement si $\lambda = \mu$ ou $\lambda - \mu$ appartient à Q^+ est une relation d'ordre sur $P(V)$. "λ est le plus haut poids de V" est équivalent à "λ est le plus grand élément de $P(V)$ pour $\leq$".

Théorème 1.1.1.

- Soit $\mathfrak{g}$ une algèbre de Lie semi simple. Il y a une bijection entre l'ensemble Λ des poids entiers dominants et l'ensemble des $\mathfrak{g}$-modules irréductibles de dimensions finis, à équivalence prés.
- Tous les modules de dimension finie sont complétement réductibles.
- Si V est un module de dimension finie, V est la somme directe de ses sous espace de poids : $V = \bigoplus_{\mu \in P(V)} V_\mu$.

Pour chaque λ de Λ, notons V^λ un module simple de plus haut poids λ. On notera simplement $(X, v) \longmapsto X.v$ l'action de $\mathfrak{g}$ sur V^λ. On montre que la dimension du sous espace de poids λ dans V^λ est 1.

Fixons un vecteur de plus haut poids $v_\lambda \in V^\lambda$ ($v_\lambda \neq 0$). on montre que v_λ est caractérisé par la condition : v_λ est un vecteur de poids de V^λ et $\mathfrak{n}^+ v_\lambda = 0$.

Si V^λ et V^μ sont deux modules simples de plus haut poids λ, μ dans Λ, on peut construire un nouveau module $V^\lambda \otimes V^\mu$ en posant :

$$X(v \otimes w) = (Xv) \otimes w + v \otimes (Xw) \; \forall \; X \in \mathfrak{g}.$$

Il est facile de voir que ce module a un plus haut poids $\lambda + \mu$ et que l'espace de poids $\lambda + \mu$ dans $V^\lambda \otimes V^\mu$ est engendré par $v_\lambda \otimes v_\mu$. Dans la décomposition de $V^\lambda \otimes V^\mu$ en modules irréductibles, le module $V^{\lambda+\mu}$ apparait donc une fois et une seule. Soit W le supplémentaire invariant naturel de $V^{\lambda+\mu}$ dans $V^\lambda \otimes V^\mu$ (W est la somme des composantes isotypiques de $V^\lambda \otimes V^\mu$, de type différent de celui de $V^{\lambda+\mu}$). On définit ainsi des injections naturelles $i_{\lambda,\mu} : V^{\lambda+\mu} \longrightarrow V^\lambda \otimes V^\mu$.

Si V est un module de dimension finie, le dual $V^\star$ de V est aussi un module sur $\mathfrak{g}$, pour l'action définie par :

$$\langle Xv^\star, w \rangle = -\langle v^\star, Xw \rangle \qquad (v^\star \in V^\star, w \in V).$$

Si (v_j) est une base de V formée de vecteurs de poids : $v_j \in V_{\lambda_j}$, sa base duale $(v_j^\star)$ est aussi formée de vecteurs de poids : $v_j^\star \in (V^\star)_{-\lambda_j}$. On montre que si V est irréductible, $V^\star$ l'est aussi.

1.1.2   Algèbre de forme

La théorie des modules simples de dimension finie de $\mathfrak{g}$ est très bien connue et assez explicite ([FH], [H], [V],...). Cette théorie peut se résumer à la description de ce qu'on appelle l'algèbre de forme $\mathbb{V}$ de $\mathfrak{g}$. Construisons cette algèbre. Posons d'abord :

$$\mathbb{V}_\star = \bigoplus_{\lambda \in \Lambda} V^\lambda,$$

Les injections $i_{\lambda,\mu} : V^{\lambda+\mu} \longrightarrow V^\lambda \otimes V^\mu$ définissent une comultiplication

$$\delta : \mathbb{V}_\star \longrightarrow \mathbb{V}_\star \otimes \mathbb{V}_\star \quad \text{telle que} \quad \delta(v_\nu) = \sum_{\lambda+\mu=\nu} v_\lambda \otimes v_\mu.$$

Cette comultiplication est coassociative et cocommutative. C'est à dire : $(\delta \otimes id) \circ \delta = (id \otimes \delta) \circ \delta$ et $\tau \circ \delta = \delta$ où τ est la volte $\tau(v \otimes w) = w \otimes v$.

En transposant, on définit :

$$\mathbb{V} = \bigoplus (V^\lambda)^\star \quad \text{et une multiplication} \quad m : \mathbb{V} \otimes \mathbb{V} \longrightarrow \mathbb{V}$$

qui est associative et commutative. On appellera $\mathbb{V}$ l'algèbre de forme de $\mathfrak{g}$.

Remarque 1.1.3.
- si on a réalisé chaque V^λ avec une base de vecteurs de poids (v_j) telle que $v_0 = v_\lambda$, $(V^\lambda)^\star$ admet pour base la base duale $(v_j^\star)$ et on choisit $v_\lambda^\star$ tels que la multiplication m vérifie :
$$m(v_\lambda^\star \otimes v_\mu^\star) = v_\lambda^\star \cdot v_\mu^\star = v_{\lambda+\mu}^\star \quad \forall \ \lambda, \mu \in \Lambda.$$
Dans ce cas, $v_\lambda^\star$ est un vecteur de plus bas poids de $(V^\lambda)^\star$, il engendre l'espace $(V^\lambda)_{-\lambda}^\star$ de poids $-\lambda$.
- En tant que $\mathfrak{g}$ module, $\mathbb{V}$ est équivalente à $\mathbb{V}_\star$. Plus précisément, comme les modules $(V^\lambda)^\star$ sont simples, on peut écrire $(V^\lambda)^\star = V^{\lambda'}$ ou $V^\lambda = (V^{\lambda'})_\star$ et $\mathbb{V}_\star = \bigoplus_{\lambda'} (V^{\lambda'})_\star$,

$$\mathbb{V} = \bigoplus_{\lambda'} (V^{\lambda'}). \text{ À partir de maintenant, on utilisera ces notations.}$$

Un problème combinatoire classique est alors de décrire explicitement cette algèbre, en particulier d'en donner une base, formée d'une union de bases de chaque V^λ. Dans le cas des algèbres de Lie semi simples classiques, cette construction est basée sur la notion de tableaux de Young particuliers dits tableaux de Young semi standards.

1.2   Facteur nilpotent

1.2.1   Modules localement nilpotents

Dans la suite, on notera $v_{-\lambda}$ un vecteur de plus bas poids de V^λ, V^λ est engendré par l'action de $\mathfrak{n}^+$ sur le vecteur $v_{-\lambda}$. On notera $V_{\mathfrak{n}^+}^\lambda$ l'espace V^λ vu comme un $\mathfrak{n}^+$ module monogène.

On sait que le $\mathfrak{n}^+$ modules $V_{\mathfrak{n}^+}^\lambda$ est monogène, engendré par l'action de $\mathfrak{n}^+$ sur $v_{-\lambda}$ ([V]). On dit que $V_{\mathfrak{n}^+}^\lambda$ est un module monogène.

Rappelons que l'algèbre enveloppante $\mathcal{U}(\mathfrak{g})$ d'une algèbre de Lie $\mathfrak{g}$ est l'algèbre associative unitaire engendrée par $\mathfrak{n}^+$ solution du problème universel suivant :

Pour toute algèbre associative A et toute application linéaire φ de $\mathfrak{g}$ dans A telle que :

$$\varphi([X,Y]) = \varphi(X)\varphi(Y) - \varphi(Y)\varphi(X) \quad (X,Y \in \mathfrak{n}^+),$$

il existe un morphisme d'algèbre $\phi : \mathcal{U}(\mathfrak{g}) \longrightarrow A$ tel que $\phi(X) = \varphi(X)$ pour tout X de $\mathfrak{g}$.

En particulier tout $\mathfrak{n}^+$ module est un $\mathcal{U}(\mathfrak{n}^+)$ module et réciproquement. On en déduit que tout $\mathfrak{n}^+$ module monogène V, engendré par l'action de $\mathfrak{n}^+$ sur un vecteur v, est équivalent à un quotient :

$$V = \mathcal{U}(\mathfrak{n}^+)/Ann(v)$$

où $Ann(v) = \{u \in \mathcal{U}(\mathfrak{n}^+) \text{ tel que } uv = 0\}$.

D'autre part $V_{\mathfrak{n}^+}^\lambda$ est un module localement nilpotent dans le sens suivant : pour tout vecteur w de $V_{\mathfrak{n}^+}^\lambda$, pour tout X de $\mathfrak{n}^+$, il existe un entier a tel que $X^{a+1}w = 0$.

Si $\mathfrak{g}$ est une algèbre de Lie semi simple, un cadre naturel d'étude de ses modules est celui des modules complétement réductibles, en particulier les modules de dimensions finies. Dans ce cadre, on s'attache à décrire aussi complétement que possible les modules irréductibles, leur connaissance suffit alors pour décrire tous les modules considérés.

Si $\mathfrak{n}^+$ est une algèbre de Lie nilpotente, il semble plus naturel d'étudier les modules localement nilpotents. Malheureusement ces modules ne sont en général pas complétement réductibles et on peut d'abord essayer de définir une classe de modules permettant d'appréhender les modules localement nilpotents de dimension finie.

En fait pour le facteur nilpotent $\mathfrak{n}^+$ d'une algèbre de Lie semi simple $\mathfrak{g}$, une telle classe est fournie par les modules $V_{\mathfrak{n}^+}^\lambda$.

En effet, d'abord ces modules sont caractérisés par le poids λ. On sait ([V]) que les nombres entiers $\lambda(h_{\alpha_i})$ sont caractérisés par :

$$X_{\alpha_i}^{\lambda(h_{\alpha_i})} v_{-\lambda} \neq 0 \quad \text{et} \quad X_{\alpha_i}^{\lambda(h_{\alpha_i})+1} v_{-\lambda} = 0.$$

De plus l'annulateur de $v_{-\lambda}$ dans l'algèbre enveloppante $\mathcal{U}(\mathfrak{g})$ de $\mathfrak{g}$ est connu ([V]), c'est :

$$Ann_{\mathcal{U}(\mathfrak{g})}(v_{-\lambda}) = \sum_{i=1}^{l} \mathcal{U}(\mathfrak{g})X_{-\alpha_i} + \sum_{i=1}^{l} \mathcal{U}(\mathfrak{g})(h_{\alpha_i} + \lambda(h_{\alpha_i}).1) + \sum_{i=1}^{l} \mathcal{U}(\mathfrak{g})X_{\alpha_i}^{\lambda(h_{\alpha_i})+1}.$$

Puisque ([V], p.319), $\mathcal{U}(\mathfrak{g}) = \mathcal{U}(\mathfrak{g})\mathfrak{n}^- \oplus \mathcal{U}(\mathfrak{n}^+) + \sum_{i=1}^{l} \mathcal{U}(\mathfrak{h})(h_{\alpha_i} - \lambda(h_{\alpha_i}).1)$, on en déduit que dans l'algèbre enveloppante de $\mathfrak{n}^+$, l'annulateur de $v_{-\lambda}$ est

$$Ann_{\mathcal{U}(\mathfrak{n}^+)}(v_{-\lambda}) = Ann_{\mathcal{U}(\mathfrak{g})}(v_{-\lambda}) \cap \mathcal{U}(\mathfrak{n}^+) = \sum_{i=1}^{l} \mathcal{U}(\mathfrak{n}^+)X_{\alpha_i}^{\lambda(h_{\alpha_i})+1}.$$

Soit maintenant V un $\mathfrak{n}^+$ module localement nilpotent de dimension finie quelconque. On peut toujours décomposer V en une somme finie de modules monogènes W.

Si W est localement nilpotent et monogène, engendré par l'action de $\mathfrak{n}^+$ sur v, on définit les nombres entiers a_i par :

$$X_{\alpha_i}^{a_i} v \neq 0 \quad \text{et} \quad X_{\alpha_i}^{a_i+1} v = 0,$$

puis le poids λ_W par $\lambda_W(h_i) = a_i$, $(i = 1, \ldots, r)$.

On a alors : $Ann_{\mathcal{U}(\mathfrak{n}^+)}(v_{-\lambda_W}) \subset Ann_{\mathcal{U}(\mathfrak{n}^+)}(v)$ et donc $W = \mathcal{U}(\mathfrak{n}^+)/Ann_{\mathcal{U}(\mathfrak{n}^+)}(v)$ est un quotient du module $V_{\mathfrak{n}^+}^{\lambda_W} = \mathcal{U}(\mathfrak{n}^+)/Ann_{\mathcal{U}(\mathfrak{n}^+)}(v_{-\lambda_W})$.

Tout module localement nilpotent monogéne est donc un quotient d'un module $V_{\mathfrak{n}^+}^{\lambda}$ bien déterminé.

La description des modules localement nilpotents monogénes de $\mathfrak{n}^+$ commence donc par celle des modules $V_{\mathfrak{n}^+}^{\lambda}$. Comme si μ et λ sont deux poids de Λ tels que $\mu \leq \lambda$, alors :

$$Ann_{\mathcal{U}(\mathfrak{n}^+)}(v_{-\lambda}) = \sum_{i=1}^{r} \mathcal{U}(\mathfrak{n}^+)X_{\alpha_i}^{\lambda(h_{\alpha_i})+1} \subset \sum_{i=1}^{r} \mathcal{U}(\mathfrak{n}^+)X_{\alpha_i}^{\mu(h_{\alpha_i})+1} = Ann_{\mathcal{U}(\mathfrak{n}^+)}(v_{-\mu}).$$

$V_{\mathfrak{n}^+}^{\mu}$ est naturellement un quotient de $V_{\mathfrak{n}^+}^{\lambda}$.

1.2.2   Algèbre de forme réduite

L'objet qui correspond à l'algèbre de forme sera construit à partir des $(V_{\mathfrak{n}^+}^{\lambda})^{\star}$ et aura une stratification naturelle :

$$(V_{\mathfrak{n}^+}^{\mu})^{\star} \subset (V_{\mathfrak{n}^+}^{\lambda})^{\star} \quad \text{si} \ \ \mu \leq \lambda.$$

ce qu'on écrira un peu abusivement $(V_{\mathfrak{n}^+}^{\mu'}) \subset (V_{\mathfrak{n}^+}^{\lambda'})$ si $\mu' \leq \lambda'$ avec les notations de la remarque 1.1.3.

Introduisons donc une nouvelle algèbre $\mathbb{V}_{red}$, quotient de l'algèbre de forme $\mathbb{V}$ et que l'on appellera l'algèbre de forme réduite de $\mathfrak{g}$. $\mathbb{V}_{red}$ ne sera plus la somme directe des $(V_{\mathfrak{n}^+}^{\lambda})^{\star}$ mais en fait un $\mathfrak{n}^+$ module indécomposable, union de tous ces modules, avec la stratification naturelle : $(V_{\mathfrak{n}^+}^{\mu})^{\star} \subset (V_{\mathfrak{n}^+}^{\lambda})^{\star}$ si et seulement si $\mu \leq \lambda$.

Le problème combinatoire est maintenant de décrire une base de l'algèbre de forme réduite, adaptée à la stratification, c'est à dire une base union de bases des $V_{\mathfrak{n}^+}^{\lambda}$, la base de $V_{\mathfrak{n}^+}^{\lambda}$ contenant toutes celles des $V_{\mathfrak{n}^+}^{\mu}$.

D. Arnal, N. Bel Baraka et N. J. Wildberger ([ABW]) ont donné une description pour $\mathbb{V}_{red}$ pour l'algèbre de Lie spéciale linéaire $\mathfrak{sl}(m)$, pour tout $m \geq 2$.

Dans cette thèse, nous construisons un tel modéle combinatoire de l'algèbre de forme réduite a été construit pour le cas des algèbres de Lie semi simples de rang deux : $\mathfrak{sl}(2) \oplus \mathfrak{sl}(2), \mathfrak{sl}(3), \mathfrak{sp}(4)$ et $\mathfrak{g}_2$ et pour celui des algèbres de Lie symplectiques $\mathfrak{sp}(2n)$ en utilisant des tableaux de Young bien particuliers dits tableaux de Young quasi standards ([AAK], [AK]).

1.3   Algèbre de forme de $\mathfrak{sl}(m)$, $m \geq 2$

Les notations et les résultats de cette partie s'inspirent de l'article de D. Arnal, N. Bel Baraka et N. J. Wildberger ([ABW]).

Considérons l'algèbre de Lie $\mathfrak{sl}(m, \mathbb{C}) = \mathfrak{sl}(m)$ des matrices carrés d'ordre m de traces nulles, elle est l'algèbre de Lie du groupe de Lie $SL(m, \mathbb{C})$ formé des matrices carrés d'ordre m avec un déterminant égal à 1.

1.3.1 Tableaux de Young semi standards

Définition 1.3.1.

1)Un diagramme de Young ou diagramme de Ferrer de taille $d \in \mathbb{N}$ et profondeur $p \in \mathbb{N}$ est un p-uplet de naturels $D = (d_1, \, \dots \, , d_p)$ satisfaisant :

$$d_1 \geq d_2 \geq \, \dots \, \geq d_p \text{ et } \sum_i d_i = d.$$

On présente génèralement un diagramme de Young $D = (d_1, \, \dots \, , d_p)$ par un tableau à p lignes dont la jème est composée par d_j cases.

2)Soit $(a_1, a_2, \dots , a_n)$ une suite finie. Un tableau de Young est la donnée d'un diagramme de Young D et d'un remplissage de D c'est à dire qu'on place dans chaque case un a_i.

Définition 1.3.2.

Un tableau de Young dont la forme D de taille d est dit semi standard si le remplissage est croissant de gauche à droite le long de chaque ligne et strictement croissant de haut en bas le long de chaque colonne de D.

Dans ce travail, on considére essentiellement des suites de la forme $(1, 2, \dots , n)$ ou $(1, 2, \dots , n, \overline{n}, \overline{n-1}, \dots , \overline{1})$.

Exemple 1.3.1.

Pour la suite $(1, 2, 3)$, l'ensemble des tableaux de Young semi standards sur un diagramme $D = (2, 1)$, est formé par les deux tableaux suivants :

$$\begin{array}{|c|c|}\hline 1 & 1 \\\hline 2 \\\cline{1-1}\end{array} , \begin{array}{|c|c|}\hline 1 & 2 \\\hline 2 \\\cline{1-1}\end{array} , \begin{array}{|c|c|}\hline 1 & 3 \\\hline 2 \\\cline{1-1}\end{array} , \begin{array}{|c|c|}\hline 1 & 1 \\\hline 3 \\\cline{1-1}\end{array} , \begin{array}{|c|c|}\hline 1 & 2 \\\hline 3 \\\cline{1-1}\end{array} , \begin{array}{|c|c|}\hline 1 & 3 \\\hline 3 \\\cline{1-1}\end{array} , \begin{array}{|c|c|}\hline 2 & 2 \\\hline 3 \\\cline{1-1}\end{array} \text{ et } \begin{array}{|c|c|}\hline 2 & 3 \\\hline 3 \\\cline{1-1}\end{array} .$$

Remarque 1.3.1.

Dans ([ADLMPPrW]), la notion de tableaux semi standards pour les algèbres de Lie semi simples de rang deux : $\mathfrak{sl}(2) \times \mathfrak{sl}(2)$, $\mathfrak{sl}(3)$, $\mathfrak{sp}(4)$ et $\mathfrak{g}_2$, est définie. Expliquons leur construction pour $\mathfrak{g} = \mathfrak{sl}(3)$.

On regarde les représentations fondamentales $V_{\mathfrak{g}}^{\omega_1}$ et $V_{\mathfrak{g}}^{\omega_2}$ comme des espaces engendrés par une succesion d'action de $X_{-\alpha}$ et $X_{-\beta}$ (α et β sont les deux racines simples de $\mathfrak{sl}(3)$ où α est la racine courte pour $\mathfrak{sp}(4)$ ou $\mathfrak{g}_2$).

Par exemple :

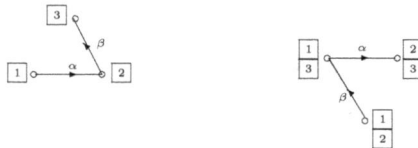

Puis nous représentons ce dessin par l'ensemble ordonné suivant :

Ainsi β agit sur la colonne en changeant 2 en 3 et α en changeant 1 en 2.

On associe, pour chaque représentation fondamentale, un ensemble partiellement ordonné P tel que chaque vecteur de base (chaque colonne) soit indexée par un idéal de P (un sous ensemble I de P est un idéal si $a \in I$ et $b \le a$ implique $b \in I$). On appelle posets fondamentaux ces ensembles, on les note $P_{0,1}$ pour V^{ω_1} et $P_{1,0}$ pour V^{ω_2}. Par exemple pour $\mathfrak{sl}(3)$:

$P_{1,0}$:

$P_{0,1}$:

On colorie chaque sommet de $P_{1,0}$ et $P_{0,1}$ avec une couleur α ou β. On définit aussi une fonction chaîne sur chaque poset, adaptée au choix des couleurs. Par exemple, pour $\mathfrak{sl}(3)$, chaque sommet de $P_{1,0}$ et de $P_{0,1}$ forme à lui seul une chaîne de numéro donné par l'ordre total du poset. On associe pour chaque poset fondamental le réseau distributif formé par des idéaux, ce qui décrit la base de la représentation. Par exemple :

$L_{0,1}$:

$L_{1,0}$:

En utilisant les fonctions chaînes, on construit de façon unique, pour tout a, $b \in \mathbb{N}$, un ensemble $P_{a,b}$ tel que les idéaux de $P_{a,b}$ permettent d'indèxer une base de $V_{\mathfrak{g}}^{a\omega_1+b\omega_2}$.

Par exemple on représente $P_{1,1}$ avec ces fonctions chaînes, pour le cas de $\mathfrak{sl}(3)$, comme suit :

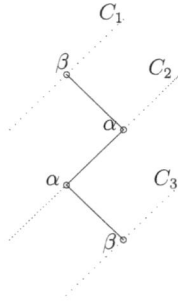

Avec cette indexation, on agit sur le tableau de Young correspondant au vecteur de plus bas poids pour construire par induction tous les tableaux semi standards avec a colonnes de hauteur 1 et b colonnes de hauteur 2. Puisque l'algèbre de forme est définie par des relations quadratiques, il suffit d'appliquer ces étapes pour $P_{1,1}$, $P_{0,2}$ et $P_{2,0}$, pour obtenir la sélection des tableaux de Young semi standards pour $\mathfrak{g}$, (voir chapitre 2).

Nous allons décrire très explicitement comment l'ensemble des tableaux de Young semi standards construits sur la suite $(1, 2, \ldots, m)$ et n'ayant pas de colonne de hauteur m décrit la base recherchée de l'algèbre de forme de $\mathfrak{sl}(m)$.

1.3.2 Représentations fondamentales de $\mathfrak{sl}(m)$

Une sous algèbre de Cartan $\mathfrak{h}$ de $\mathfrak{sl}(m)$ est donnée par l'espace des matrices diagonales :

$$\mathfrak{h} = \{H = diag(\kappa_1, ..., \kappa_m)/ \ \kappa_j \in \mathbb{C} \ \forall \ j = 1 \ ,..., \ m \text{ et} \sum_{j=1}^{m} \kappa_j = 0\}.$$

On définit les formes linéaires θ_i sur $\mathfrak{h}$ en posant $\theta_i(H) = \kappa_i$. L'ensemble Δ des racines α de $\mathfrak{sl}(m)$ est alors :

$$\Delta = \{\alpha = \theta_i - \theta_j \ i \neq j\}.$$

Ainsi $\Delta^+ = \{\theta_i - \theta_j \ i < j\}$ et $\mathfrak{n}^+$ est l'algèbre de Lie des matrices triangulaires supérieures avec des 0 sur la diagonale. On choisit l'ensemble de racines simples : $\Pi = \{\alpha_i = \theta_{i+1} - \theta_i, \ 1 \leq i < m\}$.

On peut réaliser naturellement les $\mathfrak{sl}(m)$ modules simples comme des sous modules de l'action naturelle de $\mathfrak{sl}(m)$ sur l'espace des tenseurs.

Pour $1 \leq k < m$, l'action naturelle de $\mathfrak{sl}(m)$ sur $\wedge^k \mathbb{C}^m$ définit des modules irréductibles de plus haut poids $\omega_k = \theta_1 + \cdots + \theta_k$. On vérifie directement que ces modules sont les représentations fondamentales de $\mathfrak{sl}(m)$. Si $(e_1, \ldots, e_m)$ est la base canonique de $\mathbb{C}^m$, alors $e_1 \wedge e_2 \wedge \ldots \wedge e_k$ est un vecteur de plus haut poids dans $V^{\omega_k} = \wedge^k \mathbb{C}^m$.

On a vu que chaque $\mathfrak{sl}(m)$ module simple est caractérisé par son plus haut poids

$$\lambda = \sum_{k=1}^{m-1} a_k \omega_k$$

où les a_k sont des entiers naturels. Notons ce module irréductible V^λ, c'est le sous module de l'algèbre symétrique $S(\bigwedge \mathbb{C}^m)$ de $\bigwedge \mathbb{C}^m$ engendré par le vecteur $v_\lambda = e_1^{a_1} \otimes (e_1 \wedge e_2)^{a_2} \otimes (e_1 \wedge \ldots \wedge e_{m-1})^{a_{m-1}}$. v_λ est un vecteur de plus haut poids de $V^\lambda \subset S(\bigwedge \mathbb{C}^m)$.

On a vu que l'ensemble des modules simples est en bijection avec l'ensemble Λ des poids entiers dominants, et que l'application $\lambda \mapsto (a_1, \ldots, a_{m-1})$ est une bijection de Λ sur $\mathbb{N}^{m-1}$.

Le déterminant de la sous matrice de $g \in SL(m)$ obtenue en ne considérant que les lignes $i_1, \ldots, i_k$ et les colonnes $j_1, \ldots, j_k$ est noté $\det (g; i_1, \ldots, i_k; j_1, \ldots, j_k)$. Une base de $\mathbb{S}^{\omega_k}$ est donnée par l'ensemble des fonctions sous déterminant suivantes :

$$\delta_{i_1,\ldots,i_k}^{(k)}(g) = \det (g; i_1, \ldots, i_k; 1, \ldots, k) \quad \text{où } k < m, \text{ et } i_1 < i_2 < \cdots < i_k.$$

On note cette fonction par une colonne :

$$\delta_{i_1,\ldots,i_k}^{(k)} = \boxed{\begin{array}{c} i_1 \\ \hline i_2 \\ \hline \vdots \\ \hline i_k \end{array}}.$$

Si $i_1 = 1, i_2 = 2, \ldots, i_k = k$, la colonne sera dite triviale.

Le groupe $SL(m)$ agit sur ces colonnes par l'action régulière gauche :

$$(g.\delta_{i_1,\ldots,i_k}^{(k)})(g') = \delta_{i_1,\ldots,i_k}^{(k)}(^t g g').$$

Par construction, cette action coïncide avec l'action naturelle de $SL(m)$ sur $\wedge^k \mathbb{C}^m$. La colonne triviale est le vecteur de poids ω_k, on la choisit comme le vecteur de plus haut poids de $\mathbb{S}^{\omega_k}$, ce module est maintenant défini univoquement (pas à un opérateur scalaire près).

On notera un produit de fonctions δ comme un tableau formé d'une juxtaposition de colonnes :

$$\begin{array}{|c|c|c|c|} \hline i_1^1 & i_1^2 & \cdots & i_1^r \\ \hline & & \vdots & \\ \cline{3-3} \vdots & \vdots & & \\ \cline{4-4} & i_{k_2}^2 & & \\ \cline{2-2} i_{k_1}^1 & & & \\ \cline{1-1} \end{array}$$

tels que : $k_1 \geq k_2 \geq \ldots \geq k_r$ et si $k_j = k_{j+1}$ alors $\begin{pmatrix} i_1^j \\ \vdots \\ i_{k_j}^j \end{pmatrix} \leq \begin{pmatrix} i_1^{j+1} \\ \vdots \\ i_{k_j}^{j+1} \end{pmatrix}$ pour l'ordre lexicographique inverse. Le tableau ainsi obtenu est appelé un tableau de Young.

Ainsi, l'ensemble des tableaux de Young forme une base de l'algèbre symétrique :

$$S(\bigwedge{}^{<m}\mathbb{C}^m) = S(\mathbb{C}^m \oplus \wedge^2\mathbb{C}^m \oplus \cdots \oplus \wedge^{m-1}\mathbb{C}^m)$$

$$= \sum_{a_1,\ldots,a_{m-1}} S^{a_1}(\mathbb{C}^m) \otimes \cdots \otimes S^{a_{m-1}}(\wedge^{m-1}\mathbb{C}^m).$$

Si $\lambda = \sum a_k\omega_k$, le module $\mathbb{S}^\lambda$ est alors équivalent au sous-module de $S(\bigwedge \mathbb{C}^m)$ engendré par l'action de $\mathfrak{sl}(m)$ sur les tableaux de Young T^λ de forme $\lambda = (a_1,\ldots,a_{m-1})$ i.e. ayant a_1 colonnes triviales de hauteur 1,$\ldots$,a_{m-1} colonnes triviales de hauteur $m-1$.

1.3.3   Réalisation de l'algèbre de forme de $\mathfrak{sl}(m)$

Soit N^+ le groupe des matrices $m \times m$ triangulaires supérieures avec des 1 sur la diagonales (N^+ est bien sûr le sous groupe de Lie de $SL(m)$ d'algèbre de Lie $\mathfrak{n}^+$). En utilisant la méthode de Gauss, on peut mettre toute matrice g de $SL(m)$ telle que $\delta_{1,\ldots,k}^{(k)}(g) \neq 0$ pour tout k sous la forme :

$$g = {}^t n \begin{bmatrix} \delta_1^{(1)}(g) & & & & 0 \\ & \dfrac{\delta_{1,2}^{(2)}(g)}{\delta_1^{(1)}(g)} & & & \\ & & \ddots & & \\ & & & \dfrac{\delta_{1,2,\ldots,m-1}^{(m-1)}(g)}{\delta_{1,\ldots,m-2}^{(m-2)}(g)} & \\ 0 & & & & \dfrac{1}{\delta_{1,2,\ldots,m-1}^{(m-1)}(g)} \end{bmatrix} n'$$

où n et n' sont des matrices de N^+.

En raisonnant sur les degrés des fonctions polynômes, on voit que $\mathbb{C}[SL(m)]^{N^+}$ est un $\mathfrak{sl}(m)$ module somme directe de modules simples de dimensions finies. Un élément f de $\mathbb{C}[SL(m)]^{N^+}$ est un vecteur de plus haut poids si et seulement si

$$f(g) = f\left(({}^t n)^{-1} g(n')^{-1}\right) = P\left(\delta_1^{(1)}(g),\ldots,\frac{1}{\delta_{1,2,\ldots,m-1}^{(m-1)}(g)}\right) \quad \text{où } P \text{ est une fonction polynôme}.$$

C'est donc une fonction rationnelle de g. En prenant le monôme de plus haut degré de P, de la forme

$$\text{cte } \left(\delta_1^{(1)}\right)^{b_1} \left(\frac{\delta_{1,2}^{(2)}}{\delta_1^{(1)}}\right)^{b_2} \cdots \left(\frac{1}{\delta_{1,2,\ldots,m-1}^{(m-1)}}\right)^{b_m},$$

on voit que son poids est

$$\lambda = (b_1 - b_2)\omega_1 + (b_2 - b_3)\omega_2 + \ldots + (b_{m-1} - b_m)\omega_{m-1}.$$

Comme c'est un poids dominant alors $b_1 \geq b_2 \geq \ldots \geq b_m$. Finalement, P est un monôme en les fonctions $\delta_{1,\ldots,k}^{(k)}$ et la fonction f est un multiple de tableaux T^λ avec $a_1 = b_1 - b_2,\ldots,a_{m-1} = b_{m-1} - b_m$.

Réciproquement, il est clair que pour tout $(a_1, \ldots, a_{m-1})$, la fonction T^λ est dans $\mathbb{C}[SL(m)]^{N^+}$ et est un vecteur de plus haut poids. En agissant avec des éléments de $\mathfrak{n}^-$ sur f, on en déduit que $\mathbb{C}[SL(m)]^{N^+}$ est une fonction polynomiale en les fonctions $\delta^{(k)}_{i_1, \ldots, i_k}$.

Par construction, cette algèbre est donc un quotient de l'algèbre $S(\bigwedge \mathbb{C}^m)$ puisqu'en tant que $\mathfrak{sl}(m)$ module, elle est engendrée par les fonctions T^λ, c'est la somme directe des $\mathbb{S}^\lambda$.

D'autre part, dans $\mathbb{C}[SL(m)]^{N^+}$, on a par définition $T^\lambda.T^\mu = T^{\lambda+\mu}$ et le produit dans l'algèbre de forme $\mathbb{S}^\bullet$ de $SL(m)$ est caractérisé par la prpriété $v^\star_\lambda.v^\star_\mu = v^\star_{\lambda+\mu}$. on en déduit l'égalité entre $\mathbb{S}^\bullet$ et $\mathbb{C}[SL(m)]^{N^+}$:

$$\mathbb{S}^\bullet = \mathbb{C}[SL(m)]^{N^+}$$

en tant qu'algèbre et que $\mathfrak{sl}(m)$ module.

La théorie classique des tableaux de Young semi standards dit que ces tableaux forment une base de l'espace $\mathbb{S}^\bullet$. Rappelons cette construction. Les tableaux de Young remplis par $(1, \ldots, m)$ forment une base naturelle de $S(\bigwedge^{<m} \mathbb{C}^m)$. En se restreignant aux tableaux dont les colonnes sont de hauteurs strictement inférieures à m, on obtient une base de l'algèbre de polynôme $\mathbb{C}[\delta^{(k)}_{i_1, \ldots, i_k}]$.

L'algèbre de forme est un quotient de cette algèbre par un idéal.

On peut vérifier directement que les fonctions $\delta^{(k)}_{i_1, \ldots, i_k}$ satisfont les relations de Plücker qui sont les relations homogènes quadratiques suivantes

$$(e_{i_1} \wedge \cdots \wedge e_{i_p}).(e_{j_1} \wedge \cdots \wedge e_{j_q}) + \sum_{\ell=1}^p (-1)^\ell (e_{j_1} \wedge e_{i_1} \wedge \cdots \wedge \widehat{e_{i_\ell}} \wedge \cdots \wedge e_{i_p}).(e_{i_\ell} \wedge e_{j_2} \wedge \cdots \wedge e_{j_q}).$$

pour tout $p \geq q$.

En fait on peut montrer que l'idéal par lequel on veut quotienter $\mathbb{C}[\delta^{(k)}_{i_1, \ldots, i_k}]$ est l'idéal engendré par ces relations de Plücker.

Théorème 1.3.1.

On a l'isomorphisme d'algèbres suivant :

$$\mathbb{S}^\bullet \simeq \mathbb{C}[\delta^{(k)}_{i_1, \ldots, i_k}]/\mathcal{PL}$$

où $\mathcal{PL}$ est l'idéal engendré par les relations Plücker.

Exemple 1.3.2.

Pour le cas de $\mathfrak{sl}(3)$, on a une seule relation de Plücker :

$$\boxed{\begin{array}{|c|c|} \hline 1 & 3 \\ \hline 2 \\ \cline{1-1} \end{array}} + \boxed{\begin{array}{|c|c|} \hline 2 & 1 \\ \hline 3 \\ \cline{1-1} \end{array}} - \boxed{\begin{array}{|c|c|} \hline 1 & 2 \\ \hline 3 \\ \cline{1-1} \end{array}} = 0. \qquad (*)$$

L'algèbre de forme $\mathbb{S}^\bullet$, lorsque $m = 3$, est une algèbre quotient de $S(\bigwedge^{<3} \mathbb{C}^3)$. La base de $\mathbb{S}^\bullet$ est obtenue en éliminant les tableaux non semi standards. C'est à dire exactement ceux qui contiennent le sous tableau $\begin{array}{|c|c|} \hline 2 & 1 \\ \hline 3 \\ \cline{1-1} \end{array}$.

En utilisant l'ordre lexicographique, colonne par colonne en commençant par la derniére, on voit que le plus grand de ces tableaux est $\begin{array}{|c|c|} \hline 2 & 1 \\ \hline 3 \\ \cline{1-1} \end{array}$.

Un supplémentaire de l'idéal $\mathcal{PL}$ est alors formé par les tableaux qui ne contiennent

pas $\begin{array}{|c|c|} \hline 2 & 1 \\ \hline 3 \\ \cline{1-1} \end{array}$ c'est à dire exactement les tableaux semi standards. Ce raisonnement est valable pour tout m.

Décrivons l'action du groupe nilpotent $N^- = {}^t\, N^+$ sur le vecteur de plus haut poids v_λ dans $\mathbb{S}^\lambda$. Pour $\mathfrak{sl}(3)$, on note $\alpha = \alpha_1$ et $\beta = \alpha_2$ les deux racines simples et nous choisissons, comme base pour $\mathfrak{h}^\star$, les racines simples negatives. L'action de $X_{-\alpha}$ sur le

vecteur poids est shématisé comme suit : $\underset{\alpha}{\longrightarrow}$.

Ainsi, avec la convention ci dessus, nous dressons les diagrammes de poids correspondants à $\mathbb{S}^{a\omega_1 + b\omega_2}$ pour $a + b \leq 2$:

$\mathbb{S}^0$:	$\overset{\circ}{0}$
$\mathbb{S}^{\omega_1}$:	$\boxed{3}$ at top; $\boxed{1}$ — α — $\boxed{2}$ with β on right edge
$\mathbb{S}^{\omega_2}$:	$\boxed{\frac{1}{3}}$ — α — $\boxed{\frac{2}{3}}$; β; $\boxed{\frac{1}{2}}$
$\mathbb{S}^{2\omega_1}$:	$\boxed{3\,3}$; β; $\boxed{1\,3}$ — α — $\boxed{2\,3}$; β; $\boxed{1\,1}$ — β; α — $\boxed{1\,2}$ — α — $\boxed{2\,2}$
$\mathbb{S}^{2\omega_2}$:	$\boxed{\begin{smallmatrix}1&2\\3&3\end{smallmatrix}}$; $\boxed{\begin{smallmatrix}1&1\\3&3\end{smallmatrix}}$ — α — α — $\boxed{\begin{smallmatrix}2&2\\3&3\end{smallmatrix}}$; β; β; $\boxed{\begin{smallmatrix}1&1\\2&3\end{smallmatrix}}$ — α — $\boxed{\begin{smallmatrix}1&2\\2&3\end{smallmatrix}}$; β; $\boxed{\begin{smallmatrix}1&1\\2&2\end{smallmatrix}}$
$\mathbb{S}^{\omega_1+\omega_2}$:	$\boxed{\begin{smallmatrix}1&3\\3&\end{smallmatrix}}$ — α — $\boxed{\begin{smallmatrix}2&3\\3&\end{smallmatrix}}$; β; β; $\boxed{\begin{smallmatrix}1&1\\3&\end{smallmatrix}}$ — α — $\boxed{\begin{smallmatrix}1&2\\3&\end{smallmatrix}}$, $\boxed{\begin{smallmatrix}1&3\\2&\end{smallmatrix}}$ — α — $\boxed{\begin{smallmatrix}2&2\\3&\end{smallmatrix}}$; β; β; $\boxed{\begin{smallmatrix}1&1\\2&\end{smallmatrix}}$ — α — $\boxed{\begin{smallmatrix}1&2\\2&\end{smallmatrix}}$

1.3.4   Bases de Groebner et tableaux semi standards

Définition 1.3.3.

Soit k un corps algébriquement clos et soit $x_1, ..., x_n$ n variables .
1) Un sous ensemble $I \subset k[x_1, ..., x_n]$ est un idéal s'il vérifie :
   i) $0 \in I$.
   ii) Si f, $g \in I$, alors $f + g \in I$.
   iii) Si $f \in I$ et $h \in k[x_1, ..., x_n]$, alors $fh \in I$.
2) Un ordre monomial sur $k[x_1, ..., x_n]$ est une relation $>$ sur $\mathbb{N}^n$ vérifiant :
   i) $>$ est un ordre total sur $\mathbb{N}^n$.
   ii) Si $\alpha > \beta$ et $\gamma \in \mathbb{N}^n$ alors $\alpha + \gamma > \beta + \gamma$.
   iii) Tout sous ensemble non vide de $\mathbb{N}^n$ a un plus petit élément pour $>$.

En posant $x^\alpha > x^\beta$ si et seulement si $\alpha > \beta$, un ordre monomial est aussi un ordre sur les monômes de $k[x_1, ..., x_n]$.

Exemple 1.3.3. (Ordre lexicographique) :

Soient $\gamma = (\gamma_1, ..., \gamma_n)$ et $\zeta = (\zeta_1, ..., \zeta_n) \in \mathbb{N}^n$. On dit que $\gamma >_{lex} \zeta$ si le premier entier non nul $\gamma_i - \zeta_i$(pour $i = 1, ..., n$) est positif.

Définition 1.3.4.

Soit f un polynôme non nul dans $k[x_1, ..., x_n]$ et soit $>$ un ordre monomial.
Le plus haut monôme (par rapport à notre ordre) apparaissant dans f est appelé : terme de plus haut degré de f et est noté $LT(f)$.

Définition 1.3.5.

On fixe un ordre monomial . Un sous ensemble fini $G = \{g_1, ..., g_s\}$ d'un idéal I est dit base de Groebner de I si l'idéal engendré par les monômes $LT(g_i)$ coïncide avec l'idéal engendré par tius les $LT(f)$, $f \in I$: $\langle LT(g_1), ..., LT(g_s) \rangle = \langle LT(I) \rangle$ Cela est équivalent à dire : G est une base de Groebner de I si et seulement si le terme de plus haut degré de tout élément de I est divisible par l'un des $LT(g_i)$ où $i = 1, ..., s$.

Proposition 1.3.4.

On fixe un ordre monomial. Alors tout idéal $I \subset k[x_1, ..., x_n]$ autre que $\{0\}$ possède une base de Groebner.

Définition 1.3.6.

Un sous ensemble fini $G = \{g_1, ..., g_k\}$ d'un idéal I est dit base de Groebner réduite de I si et seulement si le le terme de plus haut degré de tout élément de I est divisible par un des termes de plus haut degré de g_i, $(i = 1, ..., k)$ et si pour chaque g_i , aucun monôme de g_i n'est divisible par le terme de plus haut degré d'un g_j, avec $j \neq i$.

Soit $(g_1, ..., g_k)$ une base de Groebner réduite de I. Tout polynôme f de $k[x_1, ..., x_n]$ s'écrit alors d'une façon unique $f = g + h$ avec $g \in I$ et aucun des monômes de k n'est divisible par un des $LT(g_i)$.

Proposition 1.3.5. ([CLO])

Soit $k[x_1, ..., x_n]$ muni d'un ordre monomial.
1) Tout idéal I admet une base de Groebner réduite $(g_1, ..., g_k)$ et une seule.

2) Une base de l'espace vectoriel $k[x_1, \ldots, x_n]/I$ est donnée par l'ensemble des monômes qui ne sont pas divisibles par aucun des $LT(g_i)$.

Soit T un tableau de Young non semi standard avec deux colonnes :

$$T = \delta^{(p)}_{i_1, \ldots, i_p} \delta^{(q)}_{j_1, \ldots, j_q}$$

avec $p \geq q$, $i_q \leq j_q, \ldots, i_{r+1} \leq j_{r+1}, i_r > j_r$. En écrivant la relation de Plücker pour r sur
T, on obtient un élément de I de la forme

$$Q_T = T + \sum_{T' < T} \pm T' \qquad \text{(les T' ont tous la même forme que T)}.$$

Si tous les T' sont semi standards on s'arrête, sinon on répète cette construction pour
chacun des T' non semi standards. Finalement, on obtient une relation :

$$Q_T^{red} = T + \sum_{T'' < T} \pm T''$$

où les T'' ont la même forme que T et sont tous semi standards.

On montre que $G_{red} = \{Q_T^{red},\ T$ non semi standard avec deux colonnes$\}$ est la base
de Groebner réduite de $\mathcal{PL}$ pour l'ordre monomial défini ainsi :

$$T < T' \ si \quad \begin{cases} \text{forme}(T) < \text{forme}(T') \\ \qquad \text{ou} \\ \text{forme}(T) = \text{forme}(T') \text{ et } T \leq T' \text{ pour l'ordre lexicographique inverse.} \end{cases}$$

Corollary 1.3.6.
L'ensemble des tableaux de Young semi standards est une base de l'espace vectoriel

$$\mathbb{C}[\delta^{(k)}_{i_1, \ldots, i_k}]/\mathcal{PL} = \mathbb{S}^{\bullet}.$$

En effet un tableau de Young est semi standard si et seulement s'il ne contient aucun
sous tableau à deux colonnes non semi standard ou si et seulement si c'est un monôme
qui n'est divisible par aucun des monômes $T = LT(Q_T^{red})$ pour T non semi standard avec
deux colonnes.

Dans le cas de $\mathfrak{sl}(3)$, l'expression $Q^{red}_{\boxed{\begin{smallmatrix} 2 & 1 \\ 3 \end{smallmatrix}}}$ est la relation ($*$) et la base de l'algèbre
de forme est constituée par les tableaux semi standards.

1.4   Algèbre de forme réduite pour $\mathfrak{sl}(m)$

Pour construire l'algèbre de forme réduite pour $\mathfrak{sl}(m)$ à partir de l'algèbre de forme,
on restreint les fonctions polynomiales N^+ invariantes sur $SL(m)$ au sous groupe N^-.

1.4.1 Définition

Définition 1.4.1.

On appelle algèbre de forme réduite, et on note $\mathbb{S}^\bullet_{red}$, le quotient :

$$\mathbb{S}^\bullet_{red} = \mathbb{S}^\bullet / \langle \delta^{(k)}_{1,\dots,k} - 1 \rangle = \mathbb{C}[SL(m)]^{N^+} | N^-.$$

Cette algèbre est bien l'algèbre de forme réduite puisqu'on montre que :

Théorème 1.4.1.

En tant qu'algèbre, $\mathbb{S}^\bullet_{red}$ est l'algèbre $\mathbb{C}[N^-]$ des fonctions polynomiales sur le groupe N^-. C'est aussi le quotient de l'algèbre symétrique sur les fonctions $\delta^{(k)}_{i_1,\dots,i_k}$ non triviales ($i_k > k$) par l'idéal des relations de Plücker réduites, c'est à dire des relations de Plücker dans lesquelles on suprime les colonnes triviales.

En tant que $\mathfrak{n}^+$ module, $\mathbb{S}^\bullet_{red}$ est indécomposable et c'est l'union des modules $V^\lambda_{\mathfrak{n}^+} = \mathbb{S}^\lambda_{\mathfrak{n}^+}$, stratifiée par :

$$\mu \leq \lambda \Longleftrightarrow \mathbb{S}^\mu_{\mathfrak{n}^+} \subset \mathbb{S}^\lambda_{\mathfrak{n}^+}.$$

1.4.2 Tableaux quasi standards et base de l'algèbre de forme réduite

Définition 1.4.2.

On considére un tableau T semi standard tel qu'il existe un enier k tel que la premiére colonne de T est $\begin{array}{|c|}\hline 1 \\ \hline 2 \\ \hline \vdots \\ \hline k \\ \hline i_{k+1} \\ \hline \vdots \\ \hline \end{array}$ et T posséde une colonne de hauteur k.

On dit qu'on pousse T si on décale les k premières lignes de T vers la gauche et on supprime le haut trivial $\begin{array}{|c|}\hline 1 \\ \hline 2 \\ \hline \vdots \\ \hline k \\ \hline \end{array}$ de la première colonne. On note $P_k(T)$ le tableau ainsi obtenu.

Le tableau T est dit quasi standard s'il n'existe aucun k tel que $P_k(T)$ est semi standard. Dans le cas contraire, T est dit non quasi standard.

Exemple 1.4.1.

La relation de Plücker réduite pour $\mathfrak{sl}(3)$ est :

$$\begin{array}{|c|}\hline 3 \\ \hline \end{array} + \begin{array}{|c|}\hline 2 \\ \hline 3 \\ \hline \end{array} - \begin{array}{|c|c|}\hline 1 & 2 \\ \hline 3 \\ \cline{1-1} \end{array} = 0.$$

Cette relation n'est pas homogéne, elle contient un seul tableau non quasi standard : le dernier. On peut en déduire qu'un tableau semi standard T sans colonne triviale est quasi standard pour $\mathfrak{sl}(3)$ si et seulement s'il ne contient pas le tableau $\begin{array}{|c|c|}\hline 1 & 2 \\ \hline 3 \\ \cline{1-1} \end{array}$ comme sous tableau.

Notons SS^λ (resp. QS^λ) l'ensemble des tableaux de Young semi standards (resp. quasi standards) de forme λ.

Le résultat principal de [ABW] est que les tableaux quasi standards décrivent l'algèbre de forme réduite $\mathbb{S}^\bullet_{red}$ de $\mathfrak{sl}(m)$. Avec D. Arnal ([AK]), nous avons donner une autre preuve de ce résultat en appliquant le jeu de taquin de Schützenberger sur les tableaux de Young non quasi standards.

Rappel : jeu de taquin de Schützenberger

Soient S et T deux tableaux de Young vides de forme $\mu = form(S) = (b_1, \ldots, b_{m-1}) \leq \lambda = form(T) = (a_1, \ldots, a_{m-1})$. On place S dans le coin en haut à gauche de T. Un coin intérieur de S est une case (x, y) de S telle que, immédiatement à droite et immédiatement en dessous de cette case, il n'y a pas de case de S. Un coin extérieur de T est une case vide (x', y') qu'on peut ajouter à T de telle façon que $T \cup \{(x', y')\}$ soit encore un tableau de Young (ses colonnes sont de hauteurs décroissantes et commencent à la première ligne).

On laisse le tableau S vide et on remplit le 'tableau tordu' $T \setminus S$ de forme $\lambda \setminus \mu$ par des entiers $t_{ij} \leq m$ de façon semi standard : pour tout i et tout j, $t_{ij} < t_{(i+1)j}$ et $t_{ij} \leq t_{i(j+1)}$, si les cases correspondentes sont dans $T \setminus S$. On choisit un coin intérieur de S et on l'identifie par une étoile : $\boxed{\star}$. On dira qu'on a un tableau tordu $T \setminus S$ pointé. Par exemple,

	2	4
$\star$	3	5
4	6	
5	7	

est un tableau tordu pointé.

Le jeu de taquin consiste à déplacer cette case $\boxed{\star}$ dans T. Après un certain nombre de déplacements, le tableau T est devenu un tableau T' dans lequel la case pointée est à la place (i, j). Alors :

i) Si la case $(i, j+1)$ existe et si la case $(i+1, j)$ n'existe pas ou $t_{(i+1)j} > t_{i(j+1)}$, on pousse $\boxed{\star}$ vers la droite, c'est à dire, on remplace T' par le tableau T'' où en (i, j), on met $\boxed{t_{i(j+1)}}$, on met $\boxed{\star}$ en $(i, j+1)$, on ne modifie pas les autres entrées de T'.

ii) Si la case $(i+1, j)$ existe et si la case $(i, j+1)$ n'existe pas ou $t_{(i+1)j} \leq t_{i(j+1)}$, on pousse $\boxed{\star}$ vers le bas, c'est à dire, on remplace T' par le tableau T'' où en (i, j), on met $\boxed{t_{(i+1)j}}$, on met $\boxed{\star}$ en $(i+1, j)$, on ne modifie pas les autres entrées de T'.

iii) Si les cases $(i+1, j)$ et $(i, j+1)$ n'existent pas, on supprime la case $\boxed{\star}$. La case (i, j) n'est plus une case de T'' mais le tableau formé des cases de T'' et de la case (i, j) est un tableau de Young. La case (i, j) est un coin extérieur de T''.

Exemple 1.4.2.

$$T = \begin{array}{|c|c|c|} \hline & 2 & 4 \\ \hline \star & 3 & 6 \\ \hline 4 & 5 \\ \hline 5 & 7 \\ \hline \end{array} \longrightarrow \begin{array}{|c|c|c|} \hline & 2 & 4 \\ \hline 3 & \star & 6 \\ \hline 4 & 5 \\ \hline 5 & 7 \\ \hline \end{array} \longrightarrow \begin{array}{|c|c|c|} \hline & 2 & 4 \\ \hline 3 & 5 & 6 \\ \hline 4 & \star \\ \hline 5 & 7 \\ \hline \end{array} \longrightarrow \begin{array}{|c|c|c|} \hline & 2 & 4 \\ \hline 3 & 5 & 6 \\ \hline 4 & 7 \\ \hline 5 & \star \\ \hline \end{array} \longrightarrow \begin{array}{|c|c|c|} \hline & 2 & 4 \\ \hline 3 & 5 & 6 \\ \hline 4 & 7 \\ \hline 5 \\ \hline \end{array} = T'''.$$

Soit maintenant un tableau T non quasi standard et s le plus grand entier tel que T n'est pas quasi standard en s c'est à dire tels que le haut S de sa première colonne est trivial : $t_{s1} = s$, pour tout j, on a $t_{(s+1)j} < t_{s(j+1)}$ et T possède une colonne de hauteur s. En appliquant le jeu de Schützenberger à $T \setminus S$ pointé en $(1, s)$, la case pointée se déplace toujours vers la droite et sort au bout de la denière colonne de hauteur s. On obtient un tableau de forme $\mu \subset \lambda$. En itérant, on voit que le jeu de taquin établit une application bijection

$$SS^\lambda \longleftrightarrow \sqcup_{\mu \leq \lambda} QS^\mu.$$

D'autre part, grâce aux relations de Plücker réduites, on peut exprimer chaque tableau non quasi standard T en une somme de tableaux quasi standards de formes plus petites que T. Aisi, nous montrons que $\sqcup_{\mu \leq \lambda} QS^\mu$ est un système générateur de $\mathbb{S}_{\mathfrak{n}^+}^\lambda$ dans $\mathbb{S}_{red}^\bullet$.

Théorème 1.4.2. ([ABW])

L'ensemble $QS^\bullet$ des tableaux quasi standards forme une base de $\mathbb{S}_{red}^\bullet$, qui décrit la stratification de ce $\mathfrak{n}^+$-module indécomposable.

La réunion $\sqcup_{\mu \leq \lambda} QS^\mu$ forme une base de $\mathbb{S}_{\mathfrak{n}^+}^\lambda$.

Exemple 1.4.3.

Dans le cas de $\mathfrak{sl}(3)$, on retrouve ainsi le diagramme des poids de $\mathbb{S}^\bullet = \mathbb{C}[N^-]$ décrit par N. J. Wildberger. L'aspect de ce diagramme a amené N. J. Wildberger à appeler l'espace $\mathbb{S}^\bullet$ le cône diamant de $\mathfrak{sl}(3)$. On parlera ainsi du cône diamant de $\mathfrak{sl}(m)$, $m > 3$ pour désigner l'algèbre de forme réduite et de même pour d'autres algèbres de Lie.

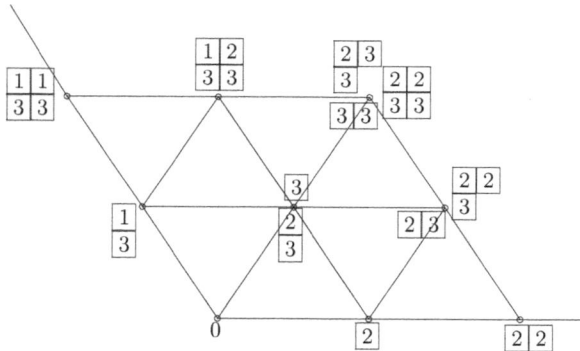

1.5 Super algèbres de Lie

1.5.1 Rappels sur la structure et la thèorie des modules simples

Définition 1.5.1.

Une super algèbre de Lie $\mathfrak{g}$ est un espace vectoriel $\mathbb{Z}_2$-graduée : $\mathfrak{g} = \mathfrak{g}_{\bar{0}} \oplus \mathfrak{g}_{\bar{1}}$ sur $\mathbb{C}$ muni d'une opération bilinéaire $[.,.]$ de $\mathfrak{g} \times \mathfrak{g}$ dans $\mathfrak{g}$, dite super crochet de Lie, telle que :
$\forall a \in \mathfrak{g}_\alpha, \forall b \in \mathfrak{g}_\beta, \forall c \in \mathfrak{g}, \forall \alpha, \beta \in \mathbb{Z}_2$:

i) $[a, b] \in \mathfrak{g}_{\alpha+\beta}$,

ii) $[a,b] = -(-1)^{\alpha\beta}[b,a]$,

iii) $[a,[b,c]] = [[a,b],c] + (-1)^{\alpha\beta}[b,[a,c]]$. (Super identité de Jacobi)

Exemple 1.5.1.

On définit la super-algèbre de Lie (sur $\mathbb{C}$) $\mathfrak{g} = \mathfrak{gl}(m,n)$: on considère l'ensemble des matrices $(m+n)(m+n)$ de la forme :

$$X = \begin{pmatrix} A & B \\ C & D \end{pmatrix}, \text{ où } A \in \mathfrak{gl}_m(\mathbb{C}), D \in \mathfrak{gl}_n(\mathbb{C}), B \in Hom(\mathbb{C}^n, \mathbb{C}^m), C \in Hom(\mathbb{C}^m, \mathbb{C}^n)$$

muni de la $\mathbb{Z}/2\mathbb{Z}$-graduation suivante :

$$\mathfrak{gl}(m/n)_{\overline{0}} = \left\{ \begin{pmatrix} A & 0 \\ 0 & D \end{pmatrix}, A \in \mathfrak{gl}_m(\mathbb{C}), D \in \mathfrak{gl}_n(\mathbb{C}) \right\},$$

$$\mathfrak{gl}(m/n)_{\overline{1}} = \left\{ \begin{pmatrix} 0 & B \\ C & 0 \end{pmatrix}, B \in Hom(\mathbb{C}^n, \mathbb{C}^m), C \in Hom(\mathbb{C}^m, \mathbb{C}^n) \right\}.$$

On définit alors un crochet de Lie sur $\mathfrak{g}$ pour tous éléments homogènes u et v (c'est-à-dire u est dans $g_{p(u)}$ et v dans $g_{p(v)}$) par $[u,v] := uv - (-1)^{p(u)p(v)}vu$, que l'on prolonge par bilinéarité. Ce crochet est super-anti-symétrique et vérifie la version $\mathbb{Z}/2\mathbb{Z}$-graduée de la super identité de Jacobi (c'est-à-dire pour tout u, v, w homogène dans $\mathfrak{g}$, on a $[u,[v,w]] + (-1)^{p(u)(p(v)+p(w))}[v,[w,u]] + (-1)^{p(w)(p(u)+p(v))}[w,[u,v]] = 0$).

On remrque que : $\mathfrak{gl}(m/n)_{\overline{0}} = \mathfrak{gl}_m(\mathbb{C}) \oplus \mathfrak{gl}_n(\mathbb{C})$.

Sur $\mathfrak{gl}(m/n)$, on définit la supertrace par : $str(X) = tr(A) - tr(D)$. Alors la super algèbre de Lie $\mathfrak{sl}(m/n)$ est définie par :

$$\mathfrak{sl}(m/n) = \{X \in \mathfrak{gl}(m/n) : str(X) = 0\}.$$

Définition 1.5.2.

Une super algèbre de Lie $\mathfrak{g}$ est simple si elle n'a pas d'idéaux (gradués ou pas) autres que $\{0\}$ et $\mathfrak{g}$.

On rappelle qu'un idéal d'une super algèbre de Lie est un idéal $\mathbb{Z}_2$-gradué s'il est un espace vectoriel muni d'une $\mathbb{Z}_2$-graduation.

La super algèbre de Lie $\mathfrak{sl}(m/n)$ est simple si $m \neq n$. Dans le cas où $m = n$, $\mathfrak{sl}(m/n)$ contient la matrice identité I_{2m}. Alors $\mathbb{C}I_{2m}$ est un idéal gradué de $\mathfrak{sl}(m/n)$. L'algèbre quotient $\mathfrak{sl}(m/n)/\mathbb{C}I_{2m}$ est aussi une super algèbre de Lie simple.

Définitions 1.5.1.

On considère une super algèbre de Lie $\mathfrak{g} = \mathfrak{g}_{\overline{0}} \oplus \mathfrak{g}_{\overline{1}}$. La sous algèbre $\mathfrak{g}_{\overline{0}}$ de $\mathfrak{g}$ est une algèbre de Lie.

1) Une sous algèbre de Cartan $\mathfrak{h}$ de $\mathfrak{g}_{\overline{0}}$ (voir la sous-section 1.1.1) est dite sous algèbre de Cartan de $\mathfrak{g}$. La dimension de $\mathfrak{h}$ est dite rang de $\mathfrak{g}$.

2) Considèrons l'espace dual $\mathfrak{h}^\star$ du sous algèbre de Cartan $\mathfrak{h}$. Cet espace dual contient des éléments α tels que :

$$\mathfrak{g} = \bigoplus_\alpha \mathfrak{g}_\alpha, \quad \text{où } \mathfrak{g}_\alpha = \{x \in \mathfrak{g} | [h,x] = \alpha(h)x, h \in \mathfrak{h}\}.$$

- L'ensemble $\Delta = \{\alpha \in \mathfrak{h}^\star - \{0\}| \; \mathfrak{g}_\alpha \neq \{0\}\}$ est appelé système de racines.

- Une racine α est dite paire (resp. impaire) si $\mathfrak{g}_\alpha \cap \mathfrak{g}_{\overline{0}} \neq \emptyset$ (resp. $\mathfrak{g}_\alpha \cap \mathfrak{g}_{\overline{1}} \neq \emptyset$). L'ensemble de toutes les racines paires (resp. impaires) est noté $\Delta_{\overline{0}}$ (resp. $\Delta_{\overline{1}}$).

- Un sous système $\Pi = \{\alpha_1, \ldots, \alpha_r\}$, où r est le rang de $\mathfrak{g}$, de Δ est dit système de racines simples de $\mathfrak{g}$ si Π est une base telle que toute racine β s'écrit comme une combinaison linéaire de racines simples : $\beta = \sum\limits_{\alpha_i \in \Pi} k_i \alpha_i$ (où les coefficients k_i sont tous positifs ou tous négatifs).

Si $k_i > 0$ (resp. $k_i < 0$) pour tout i, la racine β sera dite positive (resp. négative). On note $\Delta^+, \Delta_{\overline{0}}^+, \Delta_{\overline{1}}^+$ (resp. $\Delta^-, \Delta_{\overline{0}}^-, \Delta_{\overline{1}}^-$) les ensembles des racines positives (resp. négatives) dans $\Delta, \Delta_{\overline{0}}, \Delta_{\overline{1}}$.

Comme pour le cas des algèbres de Lie, la super algèbre de Lie $\mathfrak{g}$ admet la décomposition triangulaire suivante :

$$\mathfrak{g} = \mathfrak{n}^- \oplus \mathfrak{h} \oplus \mathfrak{n}^+ \quad \text{où } \mathfrak{n}^\pm = \bigoplus_{\alpha \in \Delta^\pm} \mathfrak{g}_\alpha.$$

1.5.2 Cas de $\mathfrak{sl}(m/n)$

Nous considérons, dans la suite de ce chapitre, la super algèbre de Lie $\mathfrak{sl}(m/n)$. Une sous algèbre de Cartan $\mathfrak{h}$ est de dimension $m + n - 1$ et est engendrée par :
$$h_{\alpha_i} = E_{ii} - E_{i+1,i+1}, \quad 1 \le i < m,$$
$$h_{\alpha_m} = E_{mm} + E_{m+1,m+1},$$
et $h_{\alpha_{m+j}} = E_{m+j,m+j} - E_{m+j+1,m+j+1}, \quad 1 \le j < n,$
où $E_{i,j}$ est la matrice ayant 1 à la $(i,j)^{éme}$ position et 0 ailleur.

Soit $\{\epsilon_1, \ldots, \epsilon_m, \delta_1, \ldots, \delta_n\}$ une base de l'espace dual $\mathfrak{h}^\star$ de $\mathfrak{h}$ i.e.

$$\text{pour } X = \begin{pmatrix} A & B \\ C & D \end{pmatrix}, \text{ on a } : \epsilon_i : X \to a_{ii} \text{ et } \delta_j : X \to d_{jj}.$$

On remrque que :
$$\sum_{i=1}^{m} \epsilon_i - \sum_{j=1}^{n} \delta_j = 0.$$

Le systéme de racines simples est :

$$\Pi = \{\alpha_1 = \epsilon_1 - \epsilon_2, \alpha_2 = \epsilon_2 - \epsilon_3, \ldots, \alpha_m = \epsilon_m - \delta_1, \alpha_{m+1} = \delta_1 - \delta_2, \ldots, \alpha_{m+n-1} = \delta_{n-1} - \delta_n\}.$$

Avec ce choix, on a :

$$\Delta_{\overline{0}}^+ = \{\epsilon_i - \epsilon_j | 1 \le i < j \le m\} \cup \{\delta_i - \delta_j | 1 \le i < j \le n\},$$

$$\Delta_{\overline{1}}^+ = \{\epsilon_i - \delta_j | 1 \le i \le m, 1 \le j \le n\}.$$

La supertrace nous permet de définir une forme bilinéaire invariante non dégénérée sur $\mathfrak{sl}(m/n)$, $B(X,Y) = str(XY)$ appelée forme de Killing. La restriction à $\mathfrak{h}$ de la forme B reste non dégénérée, on en déduit un produit scalaire non dégénéré $\langle.,.\rangle$ sur $\mathfrak{h}^\star$ déterminé explicitement par :

$$\langle \epsilon_i, \epsilon_j \rangle = \delta_{ij}, \quad \langle \epsilon_i, \delta_j \rangle = 0, \quad \langle \delta_i, \delta_j \rangle = -\delta_{ij}$$

où δ_{ij} est le symbole de Kronecker.

Définition 1.5.3.

Soit Λ l'ensemble des poids entiers dominants, ce sont ceux qui le sont pour $\mathfrak{g}_{\bar{0}}$, c'est-à-dire les poids $\lambda \in \mathfrak{h}^\star$ tel que $\langle \lambda, \alpha \rangle$ est dans $\mathbb{N}$ pour tout α dans $\Delta_{\bar{0}}^+$.

Pour λ et μ dans Λ, on dit que λ est inférieur a μ (noté $\lambda \leq \mu$) si $\mu - \lambda$ est une combinaison linéaire à coefficients positifs de racines positives.

Tout poids $\lambda \in \mathfrak{h}^\star$ s'écrit :

$$\lambda = \sum_{i=1}^{m} \lambda_i \epsilon_i + \sum_{j=1}^{n} \mu_j \delta_j \qquad \text{avec} \quad \sum_{i=1}^{m} \lambda_i - \sum_{j=1}^{n} \mu_j = 0.$$

On pose $a_i = \lambda_i - \lambda_{i+1}$ pour $1 \leq i < m$, $a_m = \lambda_m + \mu_1$ et $a_{m+j} = \mu_j - \mu_{j+1}$ pour $1 \leq j < n$. Un poids λ est dans Λ si $a_i \in \mathbb{N}$ pour $i < m$ et $a_{m+j} \in \mathbb{N}$ pour $j < n$.

1.5.3 Représentations tensorielles covariantes de $\mathfrak{sl}(m/1)$

Rappel sur les représentations de super algèbres de lie $\mathfrak{g}$:

Définition 1.5.4.

Soit $M = M_{\bar{0}} \oplus M_{\bar{1}}$ un espace vectoriel $\mathbb{Z}/2\mathbb{Z}$-gradué. La donnée d'un morphisme de super algèbres de Lie $\rho : \mathfrak{g} \longrightarrow \mathfrak{gl}(M)$ munit M d'une structure de $\mathfrak{g}$ module. On dit aussi que ρ est une représentation de $\mathfrak{g}$ sur M (ou que M est une représentation de $\mathfrak{g}$).

Définition 1.5.5.

    i) Une représentation non nulle M sera dite simple (ou irréductible) si elle n'admet pas de sous représentation non triviale.

    ii) Une représentation M telle qu'il existe des sous représentations irréductibles M_i telles que $M = \bigoplus M_i$ sera dite complétement réductible.

    iii) Un module que l'on ne peut pas décomposer en somme directe de modules non triviaux sera dit indécomposable.

Un $\mathfrak{sl}(m/1)$ module de dimension finie n'est pas toujours complétement réductible.

Nous considérons l'action naturelle de $\mathfrak{sl}(m/1)$ sur l'algèbre tensorielle $T(\mathbb{C}^{m|1})$.

D'abord ce $\mathfrak{sl}(m/1)$ module est complétement réductible. On note $V = \mathbb{C}^{m|1}$. Les représentations fondamentales de $\mathfrak{sl}(m/1)$ sont les modules $\wedge^r V$, $(r = 1, 2, \ldots)$, le produit extérieur est antisymmétrique gradué :
si $(e_1, \ldots, e_{m+1})$ est la base canonique de $\mathbb{R}^{m|1}$,

$$e_j \wedge e_k = -e_k \wedge e_j \quad (j \leq k \leq m), \qquad e_{m+1} \wedge e_{m+1} = e_{m+1} \wedge e_{m+1}.$$

En fait, $\wedge^r V$ est un $\mathfrak{sl}(m/1)$ module simple de vecteur de plus haut poids :
$$e_1, e_1 \wedge e_2, \ldots, e_1 \wedge \ldots \wedge e_{m-1} \quad (r < m)$$

$$e_1 \wedge \ldots \wedge e_m, \ldots, e_1 \wedge \ldots \wedge e_m \wedge \underbrace{e_{m+1} \wedge \ldots \wedge e_{m+1}}_{(\text{k fois})} \quad (r = m + k \geq m)$$

et avec plus haut poids :
$$\omega_j = \frac{m-j+1}{m+1}(\epsilon_1 + \ldots + \epsilon_j) - \frac{j}{m+1}(\epsilon_{j+1} + \ldots + \epsilon_m) + \frac{j}{m+1}\delta_1, \ (j < m)$$

$$\omega_{m+k} = \frac{k+1}{m+1}(\epsilon_1 + \ldots + \epsilon_m) + \frac{m(k+1)}{m+1}\delta_1 = (k+1)\omega_m, \ (k \geq 0).$$

Définition 1.5.6.

On pose $\rho = \frac{1}{2}\sum_{\alpha \in \Delta_{\bar{0}}^+} \alpha - \frac{1}{2}\sum_{\beta \in \Delta_{\bar{1}}^+} \beta$. Dans la $\epsilon\delta$-base, ρ s'écrit explicitement :

$$\rho = \frac{1}{2}\sum_{i=1}^m (m - 2i)\epsilon_i + \frac{m}{2}\,\delta_1.$$

Si λ est un poids entier dominant de $\mathfrak{sl}(m/1)$ alors λ est dit :

i) typique si $(\lambda + \rho, \beta) \neq 0$, pour tout $\beta \in \Delta_{\bar{1}}^+$

ii) atypique s'il existe $\beta \in \Delta_{\bar{1}}^+$ tel que $(\lambda + \rho, \beta) = 0$.

Les $\mathfrak{sl}(m/1)$ modules simples sont les modules avec plus haut poids :

$$\lambda = \sum_{j=1}^m b_j\omega_j, \quad (b_j \in \mathbb{N}) : \text{ atypique si et seulement si } b_m = 0,$$

ou

$$\lambda = \sum_{j=1}^m b_j\omega_j + \omega_{m+k} = \sum_{j=1}^{m-1} b_j\omega_j + (b_m + k + 1)\omega_m, \quad (b_j \in \mathbb{N}, k > 0) : \textit{typique}.$$

Considérons les vecteurs de plus haut poids correspondants :

$$v_\lambda = \prod_{j=1}^m (e_1 \wedge \ldots \wedge e_j)^{b_j}$$

dans $S(\sum_{j=1}^m \wedge^j \mathbb{C}^{m/1})$ et

$$v_\lambda = \prod_{j=1}^m (e_1 \wedge \ldots \wedge e_j)^{b_j}(e_1 \wedge \ldots \wedge e_m \wedge e_{m+1} \wedge \ldots \wedge e_{m+1})$$

dans $S(\sum_{j=1}^m \wedge^j \mathbb{C}^{m/1} + \wedge^{m+k}\mathbb{C}^{m/1})$.

On pose :

$$\Lambda_{cov} = \{\lambda = \sum_{j=1}^m b_j\omega_j; \ b_j \in \mathbb{N}\} \cup \bigcup_{k=1}^\infty \{\lambda = \sum_{j=1}^m b_j\omega_j + \omega_{m+k}; \ b_j \in \mathbb{N}\}$$

$$= \Lambda_{cov}^{(0)} \cup \bigcup_{k=1}^\infty \Lambda_{cov}^{(k)}.$$

Nous définissons le module simple $\mathbb{S}^{(\lambda)}$ comme le sous module dans $S(\sum \wedge^r \mathbb{C}^{m/1})$ engendré par v_λ et le module de forme $\mathbb{S}$ de $\mathfrak{sl}(m/1)$ comme la somme des $\mathbb{S}^\lambda$.

$$\mathbb{S} = \bigoplus_{\lambda \in \Lambda_{cov}} \mathbb{S}^{(\lambda)}$$

$$= \bigoplus_{\lambda \in \Lambda_{cov}^{(0)}} \mathbb{S}^{(\lambda)} \oplus \bigoplus_{k=1}^\infty \bigoplus_{\lambda \in \Lambda_{cov}^{(k)}} \mathbb{S}^{(\lambda)}$$

$$= \bigoplus_{k=0}^\infty M^{(k)}.$$

1.5.4   Relations de Garnir

Le module de forme $\mathbb{S}$ est le quotient de l'algèbre symétrique $S(\oplus \mathbb{S}^{(\omega_r)})$ par l'idéal engendré par les relations de Garnir. Décrivons ces relations.

Soient $C = (v_1, \ldots, v_P)$ et $D = (w_1, \ldots, w_Q)$ deux suites finies de vecteurs dans $V_{\bar{0}} \oplus V_{\bar{1}}$. Nous supposons que $P \geq Q$ et nous posons :

$$C \vee D = (v_1, \ldots, v_P, w_1, \ldots, w_Q) = (u_1, \ldots, u_{P+Q}).$$

Soient u_C, u_D et $u_{C \vee D}$ les vecteurs de la forme

$$u_{C \vee D} = u_C . u_D = (u_1 \wedge \ldots \wedge u_P).(u_{P+1} \wedge \ldots \wedge u_{P+Q}).$$

Pour tout σ dans le groupe des permutations S_{P+Q}, nous définissons :

$$u_{(C \vee D)_{\widetilde{\sigma}}} = \widetilde{\varepsilon}^{\sigma}_{C \vee D}(u_{\sigma^{-1}(1)} \wedge \ldots \wedge u_{\sigma^{-1}(P)}).(u_{\sigma^{-1}(P+1)} \wedge \ldots \wedge u_{\sigma^{-1}(P+Q)}),$$

avec $\widetilde{\varepsilon}^{\sigma}_{C \vee D} = \displaystyle\prod_{\substack{1 \leq a < b \leq P+Q \\ \sigma(a) > \sigma(b)}} (-1)^{|u_a||u_b|}$ où $|u_a|$ est le degré de u_a et $\widetilde{\sigma}$ est la version graduée

de σ.

Dans les relations de Garnir, nous utilisons des permutations particulières σ. Soit $p \leq P$, $q \leq Q$, on note $X = v_1 \wedge \ldots \wedge v_p$ et $Y = w_1 \wedge \ldots \wedge w_q$. Une sous suite à r éléments $X' \subset X$ est une suite $(v_{i_1}, v_{i_2}, \ldots, v_{i_r})$ telle que $i_1 < i_2 < \ldots < i_r$. On note $s_r(X)$ l'ensemble de telles suites.

Si $r \leq inf(p,q)$ et $X' = (v_{i_1}, v_{i_2}, \ldots, v_{i_r}) = (u_{i_1}, u_{i_2}, \ldots, u_{i_r})$ dans $s_r(X)$, $Y' = (w_{j_1}, w_{j_2}, \ldots, w_{j_r}) = (u_{P+j_1}, u_{P+j_2}, \ldots, u_{P+j_r})$ dans $s_r(Y)$, on définit une permutation $X' \leftrightarrow Y'$ dans S_{P+q} par :

$$\begin{aligned} X' \leftrightarrow Y' &= (i_1, P + j_1)(i_2, P + j_2) \ldots (i_r, P + j_r) \\ &= \begin{pmatrix} 1 \ldots & i_1 & \ldots & i_r & \ldots & P\ P+1 \ldots & P+j_1 & \ldots & P+j_r & \ldots & P+Q \\ 1 \ldots & P+j_1 & \ldots & P+j_r & \ldots & P\ P+1 \ldots & i_1 & \ldots & i_r & \ldots & P+Q \end{pmatrix}. \end{aligned}$$

Par définition, la relation de Garnir sur un vecteur $u_C . u_D$ associée à X et Y est :

$$G_{X,Y}(u_C . u_D) = \sum_{r=0}^{inf(p,q)} (-1)^r \sum_{\substack{X' \in s_r(X) \\ Y' \in s_r(Y)}} \widetilde{\varepsilon}^{X' \leftrightarrow Y'}_{C \vee D} u_{(C \vee D)_{X' \leftrightarrow Y'}}.$$

King et Welsh montrent que :

Théorème 1.5.1.

L'algèbre de forme de $\mathfrak{sl}(m/1)$ est le quotient de $S(\oplus \mathbb{S}^{(\omega_r)})$ par l'idéal engendré par les érelations de Garnir.

Bibliographie

[AAK]   Boujemaa Agrebaoui,D. Arnal, O. Khlifi : "Diamond representations of rank
          two semisimples Lie algebras", Journal of Lie Theory 19 (2009), No. 2, 339–370
          Copyright Heldermann Verlag 2009 .

[ABW]   D. Arnal, N. Bel Baraka, N. Wildberger : "Diamond representations of $\mathfrak{sl}(n)$",
          International Journal of Algebra and Computation, 13 n°2 (2006), 381–429

[ADLMPPrW] L. W. Alverson II, R. G. Donnelly, S. J. Lewis, M. McClard, R. Pervine,
          R. A. Proctor, N. J. Wildberger, "Distributive lattice defined for representations
          of rank two semisimple Lie algebras" ArXiv 0707.2421 v 1 (2007)

[AK]   D. Arnal,O. Khlifi : "Le cône de diamant symplectique", Bulletin des sciences
          mathématiques, (2009)

[BR]   A. Berelee, A. Regev, "Hook Young diagrams with applications to combinatorics
          and to representations of Lie superalgebras" ; Advances in mathematics. 64
          (1987), 118–175.

[B]   N. Bourbaki "Groupes et algèbres de Lie, chapitres 7 et 8".

[BR]   A. Berelee, A. Regev, "Hook Young diagrams with applications to combinatorics
          and to representations of Lie superalgebras" ; Advances in mathematics. 64
          (1987), 118–175.

[CLO]   D. Cox, J. Little, D. O'shea, "Ideals, varieties, and algorithms" ; Springer- Ver-
          lag, New York ; Berlin(1996).

[DeC]   C. De Concini, "Symplectic standard tableaux", Advances in Math. 34 (1979),
          p.1-27, MR80m :14036.

[FH]   W. Fulton and J. Harris, "Representation theory" ; Readings in Mathematics.
          129(1991) Springer- Verlag, New York.

[H]   J. E. Humphreys, "Introduction to the Lie algebras and representation theory" ;
          GTM 9, Springer- Verlag, Heidelberg, (1972).

[HKTV]   J. W. B. Hughes, R. C. King, J. Thierry-Mieg, J. Van der Jeugt, "A character
          formula for singly atypical modules of the Lie superalgebra $\mathfrak{sl}(m/n)$" ; Commu-
          nications in Algebra, 18(10) (1991), 3453–3480.

[J]   G.D. James, "The representation theory of the symmetric groups" ; Lecture
          Note in Mathematics 682 (1978).

[K]   V.G. Kac, "Representations of classical Lie superalgebras" ; Lecture Note in
          Mathematics 676(1977), 597–626.

[Ka]   M. Kashiwara " Bases cristallines des groupes quantiques" ; Cours Spécialisés,
          9. Socit Mathematique de Frances, Paris (2002).

[Kh]   O. Khlfi : "Dimond cone for $\mathfrak{sl}(m|1)$", preprint (2009).

[Kn]   M. A. W. Knapp, " Representation theory of semisimple groups"; Princeton Univ.Press(1988).

[KN]   M. Kashiwara, T. Nakashima, "Crystal graphs for representations of the q-analogue of classical Lie algebras", Journal of algebra 165 (1994), p.295-345.

[KW]   R. C. King, T. A. Welsh, "Construction of graded covariant $GL(m/n)$ modules using tableaux"; Journal of Algebraic Combinatorics **1**(1991), 151–170.

[L]   C. Lecouvey, "Kostka-Foulkes polynomials cyclage graphs and charge statistic for the root system C_n"; Journal of Algebraic Combinatorics 21, pp. 203-240 (2005).

[LT]   G. Lancaster, J. Towber, "Representation- functors and flag-algebras for the classical groups"; J. Of Algebra, **59** (1979).

[MT]   R. Mneimné, F. Testard " Introduction à la théorie des groupes de Lie classiques"; Hermen, Paris (1986).

[P]   R. A. Proctor, "Young Tableaux, Gelfand Patterns, and branching Rules for Classical Groups"; Journal Of Algebra, **164** (1994), 299–360.

[S]   J. P. Serre, "Lie algebras and Lie groups", New York : W. A. Benjamin, 1965.

[Sh]   J. T. Sheats, " A symplectic jeu de taquin bijection between the tableaux of King and of De Concini"; Transaction of the American Mathematical Society, volume 351, Number 9, p.3569-3607, S 0002-9947(99)02166-2 (1999).

[V]   V .S. Varadarajan " Lie groups, Lie algebras, and their representations"; Springer- Verlag, New York ; Berlin (1984).

[W1]   N. Wildberger "Quarks, diamonds and representation of $\mathfrak{sl}(3)$".

[W2]   N. J. Wildberger "A combinatorial construction of G_2", J. of Lie theory, vol 13 (2003).

Chapitre 2

Diamond representations for rank two semisimples Lie algebras

B. Agrebaoui, D. Arnal and O. Khlifi,

Published in Journal of Lie theory.

Abstract

The present work is a part of a larger program to construct explicit combinatorial models for the (indecomposable) regular representation of the nilpotent factor N in the Iwasawa decomposition of a semisimple Lie algebra $\mathfrak{g}$, using the restrictions to N of the simple finite dimensional modules of $\mathfrak{g}$. Such a description is given in Arnal, D., N. Bel Baraka, and N.-J. Wildberger, *Diamond representations of* $\mathfrak{sl}(n)$, Annales Mathématiques Blaise Pascal **13** (2006), 381–429 for the case $\mathfrak{g} = \mathfrak{sl}(n)$. Here, we perform the same construction for the rank 2 semisimple Lie algebras (of type $A_1 \times A_1$, A_2, C_2 and G_2). The algebra $\mathbb{C}[N]$ of polynomial functions on N is a quotient, called the reduced shape algebra, of the shape algebra for $\mathfrak{g}$. Bases for the shape algebra are known, for instance the so-called semi standard Young tableaux give an explicit basis (see Alverson, L.-W., R.-G. Donnelly, S.-J. Lewis, M. McClard, R. Pervine, R.-A. Proctor, and N.-J. Wildberger, *Distributive lattice defined for representations of rank two semisimple Lie algebras*, SIAM J. Discrete Math. 23 (2008/09), no. 1, 527–559). We select among the semi standard tableaux, the so-called quasi standard ones which define a kind basis for the reduced shape algebra. .

2.1 Introduction

We study the diamond cone of representations for the nilpotent factor N^+ of any rank 2 semisimple Lie algebra $\mathfrak{g}$. This is the indecomposable regular representation onto $\mathbb{C}[N^-]$, described from explicit realizations of the restrictions to N^+ of the simple $\mathfrak{g}$-

modules V^λ.

In [ABW], this description is explicitly given in the case $\mathfrak{g} = \mathfrak{sl}(n)$, using the notion of quasi standard Young tableaux. Roughly speaking, a quasi standard Young tableau is an usual semi standard Young tableau such that, it is impossible to extract the top of the first column, either because this top of column is not 'trivial', *i.e.* it does not consist of numbers $1, 2, \ldots, k$, or because, when we extract this top by pushing to the left the k first rows of the tableau, we do not get a semi standard tableau.

Let us come back for the case of rank 2 Lie algebra $\mathfrak{g}$. The modules V^λ have well known explicit realizations (see for instance [FH]). They are characterized by their highest weight $\lambda = a\omega_1 + b\omega_2$, integral combination of fundamental weights. In [ADLMPPrW], there is a construction for a basis for each V^λ, as the collection of all semi standard tableaux with shape (a, b). The definition and construction of semi standard tableaux for $\mathfrak{g}$ uses the notion of grid poset and their ideals. It is possible to perform compositions of grid posets, the ideals of these compositions (of a grid posets associated to V^{ω_1} and b grid posets associated to V^{ω_2}) give a basis for V^λ if $\lambda = a\omega_1 + b\omega_2$.

Here, we realize the Lie algebra $\mathfrak{g}$ as a subalgebra of $\mathfrak{sl}(n)$ (with $n = 4, 3, 4, 7$), and we recall the notion of shape algebra for $\mathfrak{g}$, it is the direct sum of all the simple modules V^λ, but we see it as the algebra $\mathbb{C}[G]^{N^+}$ of all the polynomial functions on the group G (corresponding to $\mathfrak{g}$), which are invariant under right action by elements in N^+. This gives a very concrete interpretation of the semi standard tableaux for $\mathfrak{g}$ as a product of determinant functions for submatrices.

The algebra $\mathbb{C}[N^-]$ is the restriction to N^- of the functions in $\mathbb{C}[G]$. But it is also a quotient of the shape algebra by the ideal generated by $\boxed{\begin{smallmatrix}1\\2\end{smallmatrix}} - 1$, $\boxed{1} - 1$. We call this quotient the reduced shape algebra for $\mathfrak{g}$. To give a basis for this quotient, we define, case by case, the quasi standard tableaux for $\mathfrak{g}$. They are semi standard Young tableaux, with an extra condition, which is very similar to the condition given in the $\mathfrak{sl}(n)$ case. We prove that the quasi standard Young tableaux give a kind basis for the reduced shape algebra.

We study the diamond cone of representations for the nilpotent factor N^+ of any rank 2 semisimple Lie algebra $\mathfrak{g}$. This is the indecomposable regular representation onto $\mathbb{C}[N^-]$, described from explicit realizations of the restrictions to N^+ of the simple $\mathfrak{g}$-modules V^λ.

In [ABW], this description is explicitly given in the case $\mathfrak{g} = \mathfrak{sl}(n)$, using the notion of quasi standard Young tableaux. Roughly speaking, a quasi standard Young tableau is an usual semi standard Young tableau such that, it is impossible to extract the top of the first column, either because this top of column is not 'trivial', *i.e.* it does not consist of numbers $1, 2, \ldots, k$, or because, when we extract this top by pushing to the left the k first rows of the tableau, we do not get a semi standard tableau.

Let us come back for the case of rank 2 Lie algebra $\mathfrak{g}$. The modules V^λ have well known explicit realizations (see for instance [FH]). They are characterized by their highest weight $\lambda = a\omega_1 + b\omega_2$, integral combination of fundamental weights. In [ADLMPPrW], there is a construction for a basis for each V^λ, as the collection of all semi standard tableaux with shape (a, b). The definition and construction of semi standard tableaux for $\mathfrak{g}$ uses the notion of grid poset and their ideals. It is possible to perform compositions of grid posets, the ideals of these compositions (of a grid posets associated to V^{ω_1} and b grid posets associated to V^{ω_2}) give a basis for V^λ if $\lambda = a\omega_1 + b\omega_2$.

Here, we realize the Lie algebra $\mathfrak{g}$ as a subalgebra of $\mathfrak{sl}(n)$ (with $n = 4, 3, 4, 7$), and we recall the notion of shape algebra for $\mathfrak{g}$, it is the direct sum of all the simple modules V^λ, but we see it as the algebra $\mathbb{C}[G]^{N^+}$ of all the polynomial functions on the group G (corresponding to $\mathfrak{g}$), which are invariant under right action by elements in N^+. This gives a very concrete interpretation of the semi standard tableaux for $\mathfrak{g}$ as a product of determinant functions for submatrices.

The algebra $\mathbb{C}[N^-]$ is the restriction to N^- of the functions in $\mathbb{C}[G]$. But it is also a quotient of the shape algebra by the ideal generated by $\dfrac{\boxed{1}}{\boxed{2}} - 1$, $\boxed{1} - 1$. We call this quotient the reduced shape algebra for $\mathfrak{g}$. To give a basis for this quotient, we define, case by case, the quasi standard tableaux for $\mathfrak{g}$. They are semi standard Young tableaux, with an extra condition, which is very similar to the condition given in the $\mathfrak{sl}(n)$ case. We prove that the quasi standard Young tableaux give a kind basis for the reduced shape algebra.

We study the diamond cone of representations for the nilpotent factor N^+ of any rank 2 semisimple Lie algebra $\mathfrak{g}$. This is the indecomposable regular representation onto $\mathbb{C}[N^-]$, described from explicit realizations of the restrictions to N^+ of the simple $\mathfrak{g}$-modules V^λ.

In [ABW], this description is explicitly given in the case $\mathfrak{g} = \mathfrak{sl}(n)$, using the notion of quasi standard Young tableaux. Roughly speaking, a quasi standard Young tableau is an usual semi standard Young tableau such that, it is impossible to extract the top of the first column, either because this top of column is not 'trivial', i.e. it does not consist of numbers $1, 2, \ldots, k$, or because, when we extract this top by pushing to the left the k first rows of the tableau, we do not get a semi standard tableau.

Let us come back for the case of rank 2 Lie algebra $\mathfrak{g}$. The modules V^λ have well known explicit realizations (see for instance [FH]). They are characterized by their highest weight $\lambda = a\omega_1 + b\omega_2$, integral combination of fundamental weights. In [ADLMPPrW], there is a construction for a basis for each V^λ, as the collection of all semi standard tableaux with shape (a, b). The definition and construction of semi standard tableaux for $\mathfrak{g}$ uses the notion of grid poset and their ideals. It is possible to perform compositions of grid posets, the ideals of these compositions (of a grid posets associated to V^{ω_1} and b grid posets associated to V^{ω_2}) give a basis for V^λ if $\lambda = a\omega_1 + b\omega_2$.

Here, we realize the Lie algebra $\mathfrak{g}$ as a subalgebra of $\mathfrak{sl}(n)$ (with $n = 4, 3, 4, 7$), and we recall the notion of shape algebra for $\mathfrak{g}$, it is the direct sum of all the simple modules V^λ, but we see it as the algebra $\mathbb{C}[G]^{N^+}$ of all the polynomial functions on the group G (corresponding to $\mathfrak{g}$), which are invariant under right action by elements in N^+. This gives a very concrete interpretation of the semi standard tableaux for $\mathfrak{g}$ as a product of determinant functions for submatrices.

The algebra $\mathbb{C}[N^-]$ is the restriction to N^- of the functions in $\mathbb{C}[G]$. But it is also a quotient of the shape algebra by the ideal generated by $\boxed{\begin{array}{c} 1 \\ 2 \end{array}} - 1, \boxed{1} - 1$. We call this quotient the reduced shape algebra for $\mathfrak{g}$. To give a basis for this quotient, we define, case by case, the quasi standard tableaux for $\mathfrak{g}$. They are semi standard Young tableaux, with an extra condition, which is very similar to the condition given in the $\mathfrak{sl}(n)$ case. We prove that the quasi standard Young tableaux give a kind basis for the reduced shape algebra.

2.2 Semi standard and quasi standard Young tableaux for $SL(n)$

2.2.1 Semi standard Young tableaux

Recall that the Lie algebra $\mathfrak{sl}(n) = \mathfrak{sl}(n, \mathbb{C})$ is the set of $n \times n$ traceless matrices, it is the Lie algebra of the Lie group $SL(n)$ of $n \times n$ matrices, with determinant 1. Denote N^+ the subgroup of all the upper triangular matrices $n^+ = \begin{pmatrix} 1 & & * \\ & \ddots & \\ 0 & & 1 \end{pmatrix}$. Let us consider the algebra $\mathbb{C}[SL(n)]^{N^+}$ of polynomial functions on the group $SL(n)$, which are invariant under the right multiplication by the subgroup N^+. The group $SL(n)$ acts on this space by multiplication on the left by the transpose of $g : (g.f)(g_1) = f(^tgg_1)$, for any f in $\mathbb{C}[SL(n)]^{N^+}$, any g in $SL(n)$.

Example 2.2.1.
$k < n$ and $1 \le i_1 < i_2 < \cdots < i_k \le n$. We define :

$$\delta_{i_1,\ldots,i_k} = \boxed{\begin{array}{c} i_1 \\ i_2 \\ \vdots \\ i_k \end{array}} : SL(n) \longrightarrow \mathbb{C}$$

$$g \longmapsto \det(submatrix(g, (i_1...i_k, 1...k)))$$

i.e. for an element $g \in SL(n)$, we associate the polynomial function which is the determinant of the submatrix of g obtained by considering the k first columns of g and the rows $i_1, \ldots, i_k$.

If k is fixed, $SL(n)$ acts on the vector space spanned by all columns $\delta_{i_1,\ldots,i_k}$ as on $\wedge^k \mathbb{C}^n$.

Thus we look for $Sym^\bullet(\bigwedge \mathbb{C}^n) = Sym^\bullet(\mathbb{C}^n \oplus \wedge^2\mathbb{C}^n \oplus \cdots \oplus \wedge^{n-1}\mathbb{C}^n)$. A natural basis for this algebra is given by the Young tableaux

i_1^1	i_1^2	$\cdots$	i_1^r
$\vdots$	$\vdots$	$\vdots$	
	$i_{k_2}^2$		
$i_{k_1}^1$			

such that $k_1 \geq k_2 \geq \ldots \geq k_r$ and $\begin{pmatrix} i_1^j \\ \vdots \\ i_{k_j}^j \end{pmatrix} \leq \begin{pmatrix} i_1^{j+1} \\ \vdots \\ i_{k_j}^{j+1} \end{pmatrix}$ for the lexicographic ordering if $k_j = k_{j+1}$.

Recall now that the fundamental representations of $\mathfrak{sl}(n)$ are the natural ones on $\mathbb{C}^n, \ldots, \wedge^{n-1}\mathbb{C}^n$ with highest weights $\omega_1, \ldots, \omega_{n-1}$.

It is well known that each simple $\mathfrak{sl}(n)$-module has a highest weight λ and the module is characterized by its highest weight. The highest weights are exactly the elements

$$\lambda = a_1\omega_1 + \cdots + a_{n-1}\omega_{n-1}$$

where $a_1, \ldots, a_{n-1}$ are nonnegative integral numbers. Note $\mathbb{S}^\lambda$ (or $\Gamma_{a_1,\ldots,a_{n-1}}$) this module, it is a submodule of the tensor product

$$Sym^{a_1}(\mathbb{C}^n) \otimes Sym^{a_2}(\wedge^2\mathbb{C}^n) \otimes \cdots \otimes Sym^{a_{n-1}}(\wedge^{n-1}\mathbb{C}^n).$$

The direct sum $\mathbb{S}^\bullet$ of all the simple modules $\mathbb{S}^\lambda$ is the shape algebra of $SL(n)$. As an algebra, it is isomorphic to $\mathbb{C}[SL(n)]^{N^+}$ (see [FH]).

Now, we have a natural mapping from $Sym^\bullet(\mathbb{C}^n \oplus \cdots \oplus \wedge^{n-1}\mathbb{C}^n)$ to $\mathbb{C}[SL(n)]^{N^+}$ which is just the evaluation map :

i_1^1	i_1^2	$\cdots$	i_1^r
$\vdots$	$\vdots$	$\vdots$	
	$i_{k_2}^2$		
$i_{k_1}^1$			

$\longmapsto \left(g \longmapsto \delta_{i_1^1,\ldots,i_{k_1}^1}(g) \ldots \delta_{i_1^r,\ldots,i_{k_r}^r}(g) \right).$

But, thanks to the Gauss method, each N^+ right invariant monomial function on $SL(n)$ is a product of functions $\delta_{i_1,\ldots,i_k}$, thus :

Proposition 2.2.2.

The map from $Sym^\bullet(\bigwedge \mathbb{C}^n) = Sym^\bullet(\mathbb{C}^n \oplus \cdots \oplus \wedge^{n-1}\mathbb{C}^n)$ to $\mathbb{S}^\bullet = \mathbb{C}[SL(n)]^{N^+}$ is onto.

Definition 2.2.3.

Let T be a Young tableau. If T contains a_i columns with height i $(i = 1, ..., n-1)$, we call shape of T the $(n-1)$-uplet $\lambda(T) = (a_1, ..., a_{n-1})$. We consider the partial ordering on the family of shapes defined by :

$$\mu = (b_1, \ldots, b_{n-1}) \leq \lambda = (a_1, \ldots, a_{n-1}) \text{ if and only if } b_1 \leq a_1, \quad \ldots, \quad b_{n-1} \leq a_{n-1}.$$

Definition 2.2.4.

A Young tableau of shape λ is semi standard if its entries are increasing along each row (and strictly increasing along each column).

Theorem 2.2.5.

1) The algebra $\mathbb{S}^{\bullet} = \bigoplus_{\lambda} \mathbb{S}^{\lambda}$, is isomorphic to the quotient of $Sym^{\bullet}(\bigwedge \mathbb{C}^n)$ by the kernel $\mathcal{PL}$ of the evaluation mapping. This ideal is generated by the Plücker relations

$$\delta_{i_1 \ldots i_p} \delta_{j_1 \ldots j_q} - \sum_{s=1}^{p} \delta_{i_1 \ldots j_1 \ldots i_p} \delta_{i_s j_2 \ldots j_q} = 0 \qquad (p \geq q).$$

2) If $\lambda = a_1 \omega_1 + \cdots + a_{n-1} \omega_{n-1}$, a basis for $\mathbb{S}^{\lambda}$ is given by the set of semi standard Young tableaux T of shape λ.

Example 2.2.6. The $\mathfrak{sl}(3)$ case

We have one and only one Plücker relation :

$$\boxed{\begin{smallmatrix}1 & 3 \\ 2 \end{smallmatrix}} + \boxed{\begin{smallmatrix}2 & 1 \\ 3 \end{smallmatrix}} - \boxed{\begin{smallmatrix}1 & 2 \\ 3 \end{smallmatrix}} = 0.$$

Then to obtain a basis for the algebra $\mathbb{S}^{\bullet}$, we reject exactly the non semi standard Young tableaux : the tableaux which contain $\boxed{\begin{smallmatrix}2 & 1 \\ 3 \end{smallmatrix}}$ as a subtableau.

We look at the action of the nilpotent group N^+ onto the lowest weight vector v_{λ} in $\mathbb{S}^{\lambda}$. This action generates the representation space $\mathbb{S}^{\lambda}$. The semi standard Young tableaux with shape λ is a weight vector basis for $\mathbb{S}^{\lambda}$.

The Cartan subalgebra $\mathfrak{h}$ of $\mathfrak{sl}(n)$ is the $(n-1)$ dimensional vector space consisting of diagonal, traceless matrices $H = (h_{ij})$. The usual basis $(\alpha_1, \ldots, \alpha_{n-1})$ of $\mathfrak{h}^*$ is given by simple roots $\alpha_i = \tau_i - \tau_{i+1}$ where $\tau_i(H) = h_{ii}$.

Now, $\mathfrak{h}^*$ is an Euclidean vector space with a scalar product given by the Killing form. We can thus draw pictures in the real vector space $\mathfrak{h}^*_{\mathbb{R}}$ generated by the α_i.

Let us do that for $\mathfrak{sl}(3)$. We note $\alpha = \alpha_1$ and $\beta = \alpha_2$. The action of X_{α} (resp. X_{β}) on a weight vector is pictured by an arrow $\underset{\alpha}{\longrightarrow}$ (resp. $\overset{\beta}{\diagdown}$).

Example 2.2.7.

With the convention above, we get the following weight diagrams of $\Gamma_{a,b}$ for $\mathfrak{sl}(3)$, for $a + b \leq 2$:

$\Gamma_{0,0}$:	$\overset{\circ}{0}$
$\Gamma_{1,0}$:	
$\Gamma_{0,1}$:	
$\Gamma_{2,0}$:	
$\Gamma_{0,2}$:	
$\Gamma_{1,1}$:	

2.2.2   Quasi standard Young tableaux for $\mathfrak{sl}(n)$

Now we are interested by the restriction of polynomial functions on $SL(n)$ to the subgroup $N^- = {}^t N^+$. This restriction leads to an exact sequence (see [ABW])

$$0 \longrightarrow \Big\langle \; \boxed{\begin{array}{c} 1 \\ 2 \\ \vdots \\ k \end{array}} - 1, \; k = 1, \ldots, n-1 \; \Big\rangle \longrightarrow \mathbb{C}[SL(n)]^{N^+} \longrightarrow \mathbb{C}[N^-] \longrightarrow 0.$$

($< w_k >$ denotes the ideal generated by the w_k). Or :

$$0 \longrightarrow \Big\langle \; \delta_{1,\ldots,k} - 1 \; \Big\rangle \; + \; \mathcal{PL} \; = \; \mathcal{PL}_{red} \longrightarrow Sym^\bullet(\textstyle\bigwedge \mathbb{C}^n) \longrightarrow \mathbb{C}[N^-] \longrightarrow 0.$$

For instance, in $SL(3)$, the Plücker relation becomes in $\mathcal{PL}_{red}$ a relation among semi standard tableaux :

$$\boxed{3} + \boxed{\begin{array}{c} 2 \\ 3 \end{array}} - \boxed{\begin{array}{cc} 1 & 2 \\ 3 \end{array}} = 0.$$

Now, we look for a basis for $\mathbb{C}[N^-]$, by selecting some semi standard Young tableaux.

Definition 2.2.8.

The column $\delta_{1,2,\ldots,k}$ is said trivial. Suppose T is a Young tableau whose first column has a trivial top : $\delta_{1,\ldots,k,i_{k+1},\ldots,i_r}$, and there is a column with height k. We say we push T if we shift the k firsts rows of T to the left and we delete the top of the first column which spill out. Denote $P(T)$ the new tableau obtained. If $P(T)$ is a semi standard Young tableau, we say that T is non quasi standard. Else, T is quasi standard.

Example 2.2.9. The $\mathfrak{sl}(3)$ case

The tableaux

$$\boxed{\begin{array}{cc} 2 & 1 \\ 3 \end{array}} , \quad \boxed{\begin{array}{cc} 1 & 3 \\ 2 \end{array}} \quad \text{and} \quad \boxed{\begin{array}{cc} 1 & 2 \\ 3 \end{array}}$$

are non quasi standard tableaux, but the tableaux

$$\boxed{3} \quad \text{and} \quad \boxed{\begin{array}{c} 2 \\ 3 \end{array}}$$

are quasi standard.

To find a basis of $\mathbb{C}[N^-]$, adapted to its N^+ module structure, we restrict ourselves to quasi standard Young tableaux.

Theorem 2.2.10.

The set of quasi standard Young tableaux form a basis for the algebra $\mathbb{C}[N^-]$.

To be more precise, if we denote π the canonical mapping :

$$\pi : \; \mathbb{S}^\bullet = \mathbb{C}[SL(n)]^{N^+} \longrightarrow \mathbb{C}[N^-] = Sym^\bullet(\textstyle\bigwedge \mathbb{C}^n)/\mathcal{PL}_{red},$$

the algebra of polynomial functions on N^- is an indecomposable N^+-module, called the diamond representation of N^+, each module $\mathbb{S}^\lambda|_{N^+}$ is occurring in $\mathbb{C}[N^-]$ as the image by π of $\mathbb{S}^\lambda$.

Proposition 2.2.11.

A parametrization of a basis for the quotient $\pi(\mathbb{S}^\lambda) = \mathbb{S}^\lambda|_{N^+}$ is given by the set of quasi standard Young tableaux of shape $\leq \lambda$.

Example 2.2.12.

For the Lie algebra $\mathfrak{sl}(3)$, we get the picture :

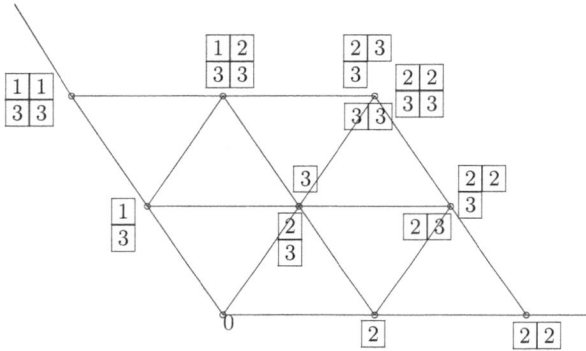

2.3 Principle of our construction. Fundamental representations

The purpose of this article is to address in the same way the rank two semisimple Lie algebras. Let us first recall the definition of semi standard Young tableaux for the algebras $A_1 \times A_1$, A_2, C_2 and G_2. In the present section, we define the semi standard tableaux with one column.

Let us realize the rank two semisimple Lie algebras as subalgebras of $\mathfrak{sl}(n)$ for $n = 4,3$, 4, 7 in such a way that the simple coroots X_α and X_β (α denotes the 'short' simple root and β denotes the 'long' simple root) are matrices such that :

$$
\begin{aligned}
t &\longmapsto \quad \text{first row of } tX_\alpha \\
(t,s) &\longmapsto \quad \text{two first rows of } tX_\alpha + sX_\beta
\end{aligned}
\tag{$*$}
$$

are one-to-one.

Explicitly, we choose the following realizations :

$\underline{A_1 \times A_1 = \mathfrak{sl}(2) \times \mathfrak{sl}(2)}$

Let $(g_1, g_2) \in \mathfrak{sl}(2) \times \mathfrak{sl}(2)$ where $g_i = \begin{pmatrix} a_i & b_i \\ c_i & d_i \end{pmatrix}$ such that $a_i + d_i = 0$. We thus modify the natural realization of the Lie algebra $A_1 \times A_1$ as :

$$X = \begin{pmatrix} a_1 & b_1 & 0 & 0 \\ c_1 & d_1 & 0 & 0 \\ 0 & 0 & a_2 & b_2 \\ 0 & 0 & c_2 & d_2 \end{pmatrix} \longmapsto \begin{pmatrix} a_1 & 0 & 0 & b_1 \\ 0 & a_2 & b_2 & 0 \\ 0 & c_2 & d_2 & 0 \\ c_1 & 0 & 0 & d_1 \end{pmatrix},$$

(we acts on the basis vectors with the permutation (2,4,3)). Then

$$N^- = \left\{ \begin{pmatrix} 1 & 0 & 0 & 0 \\ 0 & 1 & 0 & 0 \\ 0 & y & 1 & 0 \\ x & 0 & 0 & 1 \end{pmatrix}, \ x, y \in \mathbb{C} \right\}.$$

$A_2 = \mathfrak{sl}(3)$:

Let $g \in \mathfrak{sl}(3)$ i.e

$$g = \begin{pmatrix} a_1 & b_1 & c_1 \\ a_2 & b_2 & c_2 \\ a_3 & b_3 & c_3 \end{pmatrix} \quad \text{such that} \quad a_1 + b_2 + c_3 = 0.$$

then

$$N^- = \left\{ \begin{pmatrix} 1 & 0 & 0 \\ x & 1 & 0 \\ z & y & 1 \end{pmatrix}, \ x, y, z \in \mathbb{C} \right\}.$$

With this parametrization, we immediately see the Plücker relation in $\mathcal{PL}_{red}$:

$$\boxed{3}\,(g) + \begin{array}{|c|}\hline 2 \\ \hline 3 \\ \hline \end{array}\,(g) - \begin{array}{|c|c|}\hline 1 & 2 \\ \hline 3 \\ \cline{1-1} \end{array}\,(g) = z + (xy - z) - yx = 0.$$

$C_2 = \mathfrak{sp}(4)$:

The natural realization of the Lie algebra $\mathfrak{sp}(4)$ is given by $X = \begin{pmatrix} A & B \\ C & -{}^tA \end{pmatrix}$ where A, B, C are 2×2 matrices, and ${}^tB = B$, ${}^tC = C$. We modify this realization by permuting the basis vectors 3 and 4 :

$$X = \begin{pmatrix} a & b & u & v \\ c & d & v & w \\ x & y & -a & -c \\ y & z & -b & -d \end{pmatrix} \longmapsto \begin{pmatrix} a & b & v & u \\ c & d & w & v \\ y & z & -d & -b \\ x & y & -c & -a \end{pmatrix}.$$

Then the group N^- becomes :

$$N^- = \left\{ \begin{pmatrix} 1 & 0 & 0 & 0 \\ x & 1 & 0 & 0 \\ z & u & 1 & 0 \\ y & z - xu & -x & 1 \end{pmatrix}, \quad x,\ y,\ z,\ u \in \mathbb{C} \right\}.$$

$\underline{\underline{G_2}}$:

The natural realization of the Lie algebra G_2 is given by :

$$X = \begin{pmatrix} A & V & -j(\frac{W}{\sqrt{2}}) \\ -{}^tW & 0 & -{}^tV \\ -j(\frac{V}{\sqrt{2}}) & W & -{}^tA \end{pmatrix}$$

where V, W are 3×1 column-matrices, $j(U)$ is the 3×3 matrix of the exterior product in $\mathbb{C}^3$: $j(U)V = U \wedge V$ and A is a 3×3 matrix such that $tr(A) = 0$.

To imbed N^- in the space of lower triangular matrices, we effect the permutation $\begin{pmatrix} 1 & 2 & 3 & 4 & 5 & 6 & 7 \\ 7 & 2 & 1 & 4 & 5 & 6 & 3 \end{pmatrix}$ on the vector basis. Then, we obtain the Lie algebra of N^- :

$$\mathfrak{n}^- = \left\{ \begin{pmatrix} 0 & 0 & 0 & 0 & 0 & 0 & 0 \\ -x & 0 & 0 & 0 & 0 & 0 & 0 \\ y & a & 0 & 0 & 0 & 0 & 0 \\ \sqrt{2}z & \sqrt{2}y & \sqrt{2}x & 0 & 0 & 0 & 0 \\ -b & -z & 0 & -\sqrt{2}x & 0 & 0 & 0 \\ -c & 0 & z & -\sqrt{2}y & -a & 0 & 0 \\ 0 & c & b & -\sqrt{2}z & -y & x & 0 \end{pmatrix} \right\}$$

and the following corresponding group : N^- is the set of matrices :

$$\begin{pmatrix} 1 & 0 & 0 & 0 & 0 & 0 & 0 \\ x & 1 & 0 & 0 & 0 & 0 & 0 \\ y & a & 1 & 0 & 0 & 0 & 0 \\ z & -\sqrt{2}ax + \sqrt{2}y & -\sqrt{2}x & 1 & 0 & 0 & 0 \\ b & -ax^2 + xy - \frac{\sqrt{2}}{2}z & -x^2 & \sqrt{2}x & 1 & 0 & 0 \\ c & axy + \frac{\sqrt{2}}{2}az - y^2 & xy + \frac{\sqrt{2}}{2}z & -\sqrt{2}y & -a & 1 & 0 \\ -yb - xc - \frac{z^2}{2} & \frac{\sqrt{2}}{2}axz - ab - \frac{\sqrt{2}}{2}yz - c & \frac{\sqrt{2}}{2}xz - b & -z & -y + ax & -x & 1 \end{pmatrix},$$

with a, b, c, x, y, z in $\mathbb{C}$.

In each case, we now consider the Young tableaux with 1 column and 1 or 2 rows, corresponding to particular subrepresentations in $\mathbb{C}^n$ ($n = 4, 3, 4, 7$) and $\wedge^2 \mathbb{C}^n$, which are isomorphic to the fundamental representations $\Gamma_{1,0}$ and $\Gamma_{0,1}$ of the Lie algebra. This selection of tableaux can be viewed as the consequence of some 'internal' Plücker relations for our Lie algebra.

$\underline{A_1 \times A_1 = \mathfrak{sl}(2) \times \mathfrak{sl}(2)}$:

The $\Gamma_{1,0}$ representation occurs in $\mathbb{C}^4$, we find the basis $\boxed{1}$, $\boxed{4}$ and 2 internal Plücker relations

$$\boxed{2} = 0, \quad \boxed{3} = 0.$$

The $\Gamma_{0,1}$ representation occurs in $\wedge^2\mathbb{C}^4$, we find the basis $\boxed{\begin{smallmatrix}1\\2\end{smallmatrix}}$ and $\boxed{\begin{smallmatrix}1\\3\end{smallmatrix}}$ and 4 internal Plücker relations

$$\boxed{\begin{smallmatrix}2\\3\end{smallmatrix}} = 0, \quad \boxed{\begin{smallmatrix}1\\4\end{smallmatrix}} = 0, \quad \boxed{\begin{smallmatrix}2\\4\end{smallmatrix}} = -\boxed{4} \quad \text{and} \quad \boxed{\begin{smallmatrix}3\\4\end{smallmatrix}} = -\boxed{\begin{smallmatrix}1&4\\3\end{smallmatrix}}.$$

Thus we get the following Young semi standard tableaux with 1 column, for $\mathfrak{sl}(2) \times \mathfrak{sl}(2)$:

$$\boxed{1}, \boxed{4}, \begin{array}{|c|}\hline 1 \\\hline 2 \\\hline\end{array} \text{ and } \begin{array}{|c|}\hline 1 \\\hline 3 \\\hline\end{array}.$$

$\underline{A_2 = \mathfrak{sl}(3)}$:

By definition, there is no internal Plücker relations for A_2, the semi standard Young tableaux with 1 column are :

$$\boxed{1}, \boxed{2}, \boxed{3}, \begin{array}{|c|}\hline 1 \\\hline 2 \\\hline\end{array}, \begin{array}{|c|}\hline 1 \\\hline 3 \\\hline\end{array} \text{ and } \begin{array}{|c|}\hline 2 \\\hline 3 \\\hline\end{array}.$$

$\underline{C_2 = \mathfrak{sp}(4)}$:

The $\Gamma_{1,0}$ representation occurs in $\mathbb{C}^4$, we find the basis $\boxed{1}$, $\boxed{2}$, $\boxed{3}$ and $\boxed{4}$.
The $\Gamma_{0,1}$ representation is the quotient of $\wedge^2\mathbb{C}^4$ by the invariant symplectic form. Then we have 1 internal Plücker relation which is written as follows :

$$\begin{array}{|c|}\hline 1 \\\hline 4 \\\hline\end{array} + \begin{array}{|c|}\hline 2 \\\hline 3 \\\hline\end{array} = 0.$$

Thus we choose the Young semi standard tableaux with 1 column, for $\mathfrak{sp}(4)$:

$$\boxed{1}, \boxed{2}, \boxed{3}, \boxed{4}, \begin{array}{|c|}\hline 1 \\\hline 2 \\\hline\end{array}, \begin{array}{|c|}\hline 1 \\\hline 3 \\\hline\end{array}, \begin{array}{|c|}\hline 1 \\\hline 4 \\\hline\end{array}, \begin{array}{|c|}\hline 2 \\\hline 4 \\\hline\end{array} \text{ and } \begin{array}{|c|}\hline 3 \\\hline 4 \\\hline\end{array}.$$

This choice does not coincide with the choice made in [ADLMPPrW], but it is more coherent with the G_2 construction and more convenient for the description of quasi standard tableaux.

$\underline{G_2}$:

The $\Gamma_{1,0}$ representation occurs in $\mathbb{C}^7$, we find the basis $\boxed{1}$, $\boxed{2}$, $\boxed{3}$, $\boxed{4}$, $\boxed{5}$, $\boxed{6}$ and $\boxed{7}$.
The $\Gamma_{0,1}$ representation is the quotient of $\wedge^2\mathbb{C}^7$ by a seven dimensional module. Then we have 7 internal Plücker relations which are :

$$\begin{array}{|c|}\hline 1 \\\hline 4 \\\hline\end{array} + \sqrt{2}\begin{array}{|c|}\hline 2 \\\hline 3 \\\hline\end{array} = 0, \quad \begin{array}{|c|}\hline 2 \\\hline 4 \\\hline\end{array} - \sqrt{2}\begin{array}{|c|}\hline 1 \\\hline 5 \\\hline\end{array} = 0, \quad \begin{array}{|c|}\hline 3 \\\hline 4 \\\hline\end{array} + \sqrt{2}\begin{array}{|c|}\hline 1 \\\hline 6 \\\hline\end{array} = 0, \quad \begin{array}{|c|}\hline 4 \\\hline 5 \\\hline\end{array} + \sqrt{2}\begin{array}{|c|}\hline 2 \\\hline 7 \\\hline\end{array} = 0,$$

$$\begin{array}{|c|}\hline 4 \\\hline 6 \\\hline\end{array} - \sqrt{2}\begin{array}{|c|}\hline 3 \\\hline 7 \\\hline\end{array} = 0, \quad \begin{array}{|c|}\hline 4 \\\hline 7 \\\hline\end{array} + \sqrt{2}\begin{array}{|c|}\hline 5 \\\hline 6 \\\hline\end{array} = 0 \text{ and } \begin{array}{|c|}\hline 1 \\\hline 7 \\\hline\end{array} - \begin{array}{|c|}\hline 2 \\\hline 6 \\\hline\end{array} - \begin{array}{|c|}\hline 3 \\\hline 5 \\\hline\end{array} = 0.$$

Indeed, in view of the lower triangular matrices in G_2, with 1 on the diagonal, we directly find these relations for the corresponding functions on N^-. Moreover, these relations are covariant under the action of the diagonal matrices, they are thus holding for the corresponding functions on the lower triangular matrices in G_2, with any nonvanishing diagonal entries, thus by N^+ invariance, they hold on G_2.

Therefore we choose the Young semi standard tableaux with 1 column, for G_2 :

$$\boxed{1}, \boxed{2}, \boxed{3}, \boxed{4}, \boxed{5}, \boxed{6}, \boxed{7},$$

$$\begin{array}{|c|}\hline 1 \\\hline 2 \\\hline\end{array}, \begin{array}{|c|}\hline 1 \\\hline 3 \\\hline\end{array}, \begin{array}{|c|}\hline 1 \\\hline 4 \\\hline\end{array}, \begin{array}{|c|}\hline 1 \\\hline 5 \\\hline\end{array}, \begin{array}{|c|}\hline 1 \\\hline 6 \\\hline\end{array}, \begin{array}{|c|}\hline 1 \\\hline 7 \\\hline\end{array}, \begin{array}{|c|}\hline 2 \\\hline 5 \\\hline\end{array}, \begin{array}{|c|}\hline 2 \\\hline 6 \\\hline\end{array}, \begin{array}{|c|}\hline 2 \\\hline 7 \\\hline\end{array}, \begin{array}{|c|}\hline 3 \\\hline 6 \\\hline\end{array}, \begin{array}{|c|}\hline 3 \\\hline 7 \\\hline\end{array}, \begin{array}{|c|}\hline 4 \\\hline 7 \\\hline\end{array}, \begin{array}{|c|}\hline 5 \\\hline 7 \\\hline\end{array} \text{ and } \begin{array}{|c|}\hline 6 \\\hline 7 \\\hline\end{array}.$$

This choice does coincide with the choice made in [ADLMPPrW].

2.4 Semi standard Young tableaux for the rank two semisimple Lie algebras

Following [ADLMPPrW], there is a construction of semi standard Young tableaux for $\Gamma_{a,b}$, for any a and b, knowing those of $\Gamma_{0,1}$ and $\Gamma_{1,0}$. In fact, by a general result of Kostant (see [FH] for instance), each non semi standard Young tableau contains a non semi standard tableau with 2 columns. Thus, it is sufficient to determine all non semi standard tableaux with 2 columns. (In fact we shall get conditions for 1 or 2 successive columns $T^{(i)}$ and $T^{(i+1)}$ in the tableau T).

We begin to look the fundamental representations $\Gamma_{0,1}$ and $\Gamma_{1,0}$ for the rank two semisimple Lie algebras as spaces generated by a succession of action of $X_{-\alpha}$ and $X_{-\beta}$ on the highest weight vector.

$\underline{A_1 \times A_1}$:

The fundamental representations look like :

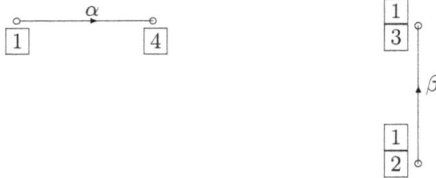

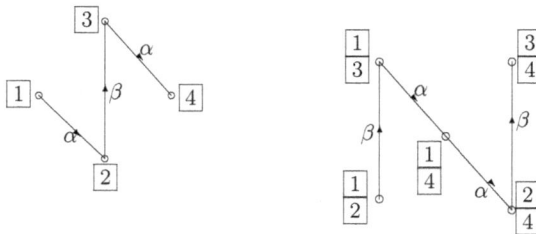

We associate to these drawings the following two ordered sets (respectively) :

$\underline{\underline{C_2}}$:

The fundamental representations look like :

Then, we associate to these drawing the two following ordered sets (respectively) :

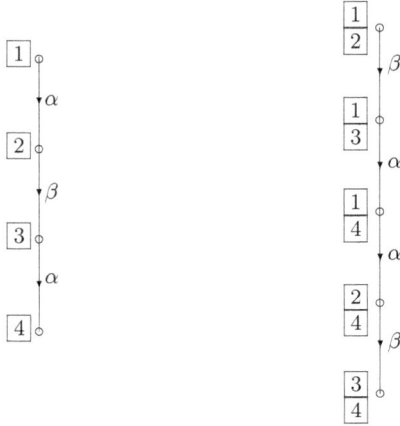

G_2 :

For the G_2 case, we give just the two following ordered sets associated to the two fundamental representations of G_2 :

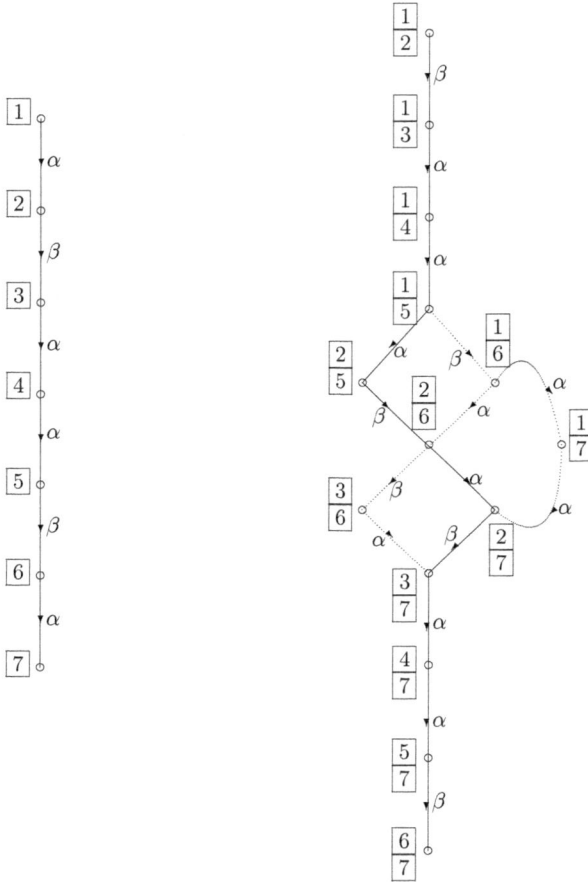

We can now realize these chosen paths as the family L of ideals of some partially ordered sets P (which are called posets). An ideal in P is a subset $I \subset P$ such that if $u \in P$ and $v \leq u$, then $v \in I$. With our choice, we take the following fundamental posets denoted $P_{1,0}$ and $P_{0,1}$ and we associate for each of them the correspondent distributive lattice of their ideals respectively denoted $L_{1,0}$ and $L_{0,1}$.

$\underline{A_1 \times A_1}$:

$\underline{P_{1,0}}$:

$\underline{P_{0,1}}$:

$\overset{\circ}{\alpha}$

$\overset{\circ}{\beta}$

$\underline{L_{1,0}}$:

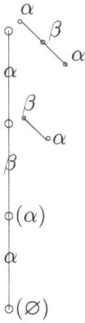

(α) $\circ$

α

$(\varnothing)$ $\circ$

$\underline{L_{0,1}}$:

(β) $\circ$

β

$(\varnothing)$ $\circ$

$\underline{\underline{C_2}}$:

$\underline{P_{1,0}}$:

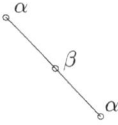

α

β

α

$\underline{P_{0,1}}$:

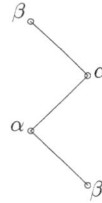

β

α

α

β

$\underline{L_{1,0}}$:

$\underline{L_{0,1}}$:

For the A_2 and G_2 cases, we just draw the fundamental posets $P_{0,1}$ and $P_{1,0}$, (for more details, see [ADLMPPrW]).

$\underline{\underline{A_2}}$:

$\underline{P_{1,0}}$:

$\underline{P_{0,1}}$:

$\underline{G_2}$:

$\underline{P_{1,0}}$: $\underline{P_{0,1}}$:

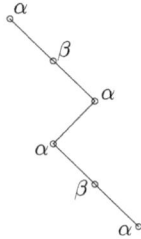   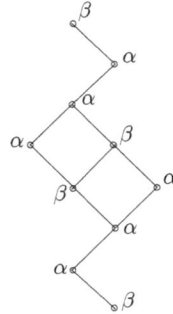

We shall generalize this construction for all irreducible representations. We want to define the poset $P_{a,b}$ associated to the representation $\Gamma_{a,b}$ in such a way that $L_{a,b}$ gives us the possible paths in $\Gamma_{a,b}$.
We need some definitions (see [ADLMPPrW]).

Definitions 2.4.1.

    1) Let $(P, \leq)$ be a partially ordered set and $v, w \in P$ such that $v \leq w$. We define the interval $[v, w]$ as the set

$$[v, w] = \{x \in P : v \leq x \leq w\}.$$

    We say that w covers v if $[v, w] = \{v, w\}$.

    *2) A two-color poset is a poset P for which we can associate for each vertex in P a color α or β. The function $v \longmapsto color(v)$ is the **color** function .*

    3) We are going to select and numbered some chains in P. To do this, we define a chain function :

$$\mathbf{chain} : P \longrightarrow [[1, m]]$$

    such that :
    i) for $1 \leq i \leq m$, $chain^{-1}(i)$ is a (possibly empty) chain in P.
    ii) $\forall\ u, v \in P$, if v covers u then either $chain(u) = chain(v)$ or $chain(u) = chain(v) + 1$.

We represent the function chain as follow :
    If $chain(u) = chain(v) + 1 = k + 1$ then we draw :

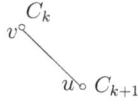

and if chain(u) = chain(v) = k then we draw :

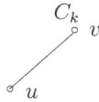

Examples 2.4.2.
For the C_2 case, we shall choose :

$P_{0,1}$:

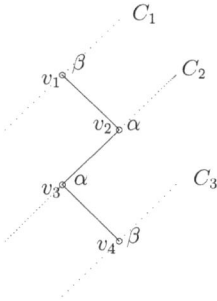

For the G_2 case, we choose :

$P_{0,1}$:

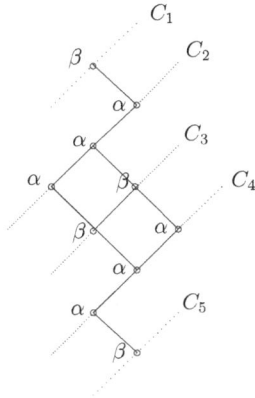

These pictures represent the fundamental posets with the function color and the function chain. They are uniquely defined with the grid property.

Definition 2.4.3.

A two-color grid poset is a poset $(P, \leq)$ together with a chain function chain and a color function color such that : if u and v are two vertices in the same connected components of P and satisfying :

i) if $chain(u) = chain(v) + 1$ then $color(u) \neq color(v)$,

ii) if $chain(u) = chain(v)$ then $color(u) = color(v)$.

Remark 2.4.4.

On the fundamental posets, there is an unique chain map such that the result are the two-color grid posets. This choice corresponds to our drawing for each $P_{a,b}$ where $a + b = 1$.

Let us consider now the definition for posets $P_{a,b}$, $a + b \geq 1$.

Definition 2.4.5. *A **grid** is a two-color grid poset which has moreover the following max property :*

i) if u is any maximal element in the poset P then,

$$chain(u) \leq inf_{x \in P} \ chain(x) + 1,$$

ii) if $v \neq u$ is another maximal element in P then,

$$color(u) \neq color(v).$$

Remark 2.4.6.

The fundamental posets are grid posets.

From now one, we identify two grid posets with the same poset, the same color function and two chain maps : $chain(u)$ and $chain'(u)$, if there is k such that $chain'(u) = chain(u) + k$ for any u.

Definition 2.4.7. *Given two grid posets P and Q, we denote by $P \triangleleft Q$ the grid poset with the following properties :*

i) The elements of $P \triangleleft Q$ is the union of elements of P and those of Q.

ii) P is an ideal of $P \triangleleft Q$ i.e if $u \in P$ and $v \leq u$ in $P \triangleleft Q$ then $v \in P$, the functions color and chain of P are the restriction of the functions color and chain of $P \triangleleft Q$ (up to a renumbering of chains).

iii) $(P \triangleleft Q) \backslash P$ with the restriction of functions color and chain on $P \triangleleft Q$ is isomorphic to Q (up to a renumbering of chains p).

iv) The following holds :

if u (resp. v) is a maximal element in P (resp. in Q), then $chain(u) \leq chain(v)$,

and

if u (resp. v) is a minimal element in P (resp. in Q), then $chain(u) \leq chain(v)$.

If $P \lhd Q$ exists, thus $P \lhd Q$ is uniquely determined by these conditions, up to a renumbering of chain.

Remark 2.4.8.
Given three grid posets P, Q, and R then :

$$(P \lhd Q) \lhd R \simeq P \lhd (Q \lhd R).$$

We denote this $P \lhd Q \lhd R$.

Starting with the grid posets $P_{1,0}$ and $P_{0,1}$ defined for the rank two semisimple Lie algebra, for any natural numbers a and b, there exists one and only one grid poset

$$P_{a,b} = \underbrace{P_{0,1} \lhd \ldots \lhd P_{0,1}}_{b} \lhd \underbrace{P_{1,0} \lhd \ldots \lhd P_{1,0}}_{a}.$$

Now, given the grid poset $P_{a,b}$, we otain a basis of $\Gamma_{a,b}$ by building the corresponding distributive lattice $L_{a,b}$ of ideals in $P_{a,b}$ and labelling the vertices of $L_{a,b}$ as follows :

we start with the heighest weight Young tableaux of shape λ : b columns $\boxed{\begin{array}{c}1\\2\end{array}}$ and a

columns $\boxed{1}$. We put this tableau on the vertex of $L_{a,b}$ corresponding to the total ideal $P_{a,b}$. Now, we reach any vertex in $L_{a,b}$ by following a sequence of edges α or β. By construction, we know if this edge corresponds to a vertex in $P_{0,1}$ or in $P_{1,0}$. if the corresponding vertex is in a $P_{1,0}$-component in $P_{a,b}$, we act with the edge on the first possible column with size 1. And if it is in a $P_{0,1}$-component in $P_{a,b}$, we act with the edge on the first possible column with size 2.

Now, we just draw the $L_{2,0}, L_{1,1}$ and $L_{0,2}$ pictures for each rank two Lie algebra and we call semi standard tableaux the obtained basis. We summarize the result here :

Proposition 2.4.9.
Let a, b be 2 natural numbers, and let $\lambda = (a,b)$. The set of semi standard tableaux for the Lie algebras of type 'type' with size λ is denoted $\mathcal{S}_{type}(\lambda)$. Then we get :

- $\mathcal{S}_{A_1 \times A_1}(\lambda) = \Big\{$ *usual semi standard tableaux T of shape λ with entries in $\{1,2,3,4\}$*

  such that $\boxed{2}$, $\boxed{4}$, $\boxed{\begin{array}{c}1\\3\end{array}}$, $\boxed{\begin{array}{c}2\\3\end{array}}$, $\boxed{\begin{array}{c}2\\4\end{array}}$ *and* $\boxed{\begin{array}{c}3\\4\end{array}}$ *are not a column of $T\Big\}$.*

- $\mathcal{S}_{A_2}(\lambda) = \Big\{$ *usual semi standard tableaux T of shape λ with entries in $\{1,2,3\}\Big\}$.*

- $\mathcal{S}_{C_2}(\lambda) = \Big\{$ *usual semi standard tableaux T of shape λ with entries in $\{1,2,3,4\}$*

  such that $\boxed{\begin{array}{c}1\\4\end{array}}$ *is not a column of T and* $\boxed{\begin{array}{c}2\\3\end{array}}$ *appears at most once in $T\Big\}$.*

- $\mathcal{S}_{G_2}(\lambda) = \Big\{$ *usual semi standard tableaux T of shape λ with entries in $\{1,2,3,4,5,6,7\}$*

such that the column $\boxed{4}$ *appears at most once in* $T,\ \boxed{\begin{smallmatrix}2\\3\end{smallmatrix}}\, ,\ \boxed{\begin{smallmatrix}2\\4\end{smallmatrix}}\, ,\ \boxed{\begin{smallmatrix}3\\4\end{smallmatrix}}\, ,\ \boxed{\begin{smallmatrix}3\\5\end{smallmatrix}}\, ,\ \boxed{\begin{smallmatrix}4\\5\end{smallmatrix}}\, ,$

$\boxed{\begin{smallmatrix}4\\6\end{smallmatrix}}$ *and* $\boxed{\begin{smallmatrix}5\\6\end{smallmatrix}}$ *are not a column in* T *plus the restriction given by the following table*$\}$.

Column $T^{(i)}$ of T	Then the succeeding column $T^{(i+1)}$ of T cannot be...
$\boxed{4}$	$\boxed{4}$
$\boxed{\begin{smallmatrix}1\\4\end{smallmatrix}}$	$\boxed{1}\, ,\ \boxed{\begin{smallmatrix}1\\4\end{smallmatrix}}\, ,\ \boxed{\begin{smallmatrix}1\\5\end{smallmatrix}}\, ,\ \boxed{\begin{smallmatrix}1\\6\end{smallmatrix}}\, ,\ \boxed{\begin{smallmatrix}1\\7\end{smallmatrix}}$
$\boxed{\begin{smallmatrix}1\\5\end{smallmatrix}}$	$\boxed{1}\, ,\ \boxed{\begin{smallmatrix}1\\5\end{smallmatrix}}\, ,\ \boxed{\begin{smallmatrix}1\\6\end{smallmatrix}}\, ,\ \boxed{\begin{smallmatrix}1\\7\end{smallmatrix}}$
$\boxed{\begin{smallmatrix}1\\6\end{smallmatrix}}$	$\boxed{1}\, ,\boxed{2}\, ,\ \boxed{\begin{smallmatrix}1\\6\end{smallmatrix}}\, ,\ \boxed{\begin{smallmatrix}1\\7\end{smallmatrix}}\, ,\ \boxed{\begin{smallmatrix}2\\6\end{smallmatrix}}\, ,\ \boxed{\begin{smallmatrix}2\\7\end{smallmatrix}}$
$\boxed{\begin{smallmatrix}2\\6\end{smallmatrix}}$	$\boxed{2}\, ,\ \boxed{\begin{smallmatrix}2\\6\end{smallmatrix}}\, ,\ \boxed{\begin{smallmatrix}2\\7\end{smallmatrix}}$
$\boxed{\begin{smallmatrix}1\\7\end{smallmatrix}}$	$\boxed{1}\, ,\boxed{2}\, ,\boxed{3}\, ,\boxed{4}\, ,\ \boxed{\begin{smallmatrix}1\\7\end{smallmatrix}}\, ,\ \boxed{\begin{smallmatrix}2\\7\end{smallmatrix}}\, ,\ \boxed{\begin{smallmatrix}3\\7\end{smallmatrix}}\, ,\ \boxed{\begin{smallmatrix}4\\7\end{smallmatrix}}$
$\boxed{\begin{smallmatrix}2\\7\end{smallmatrix}}$	$\boxed{2}\, ,\boxed{3}\, ,\boxed{4}\, ,\ \boxed{\begin{smallmatrix}2\\7\end{smallmatrix}}\, ,\ \boxed{\begin{smallmatrix}3\\7\end{smallmatrix}}\, ,\ \boxed{\begin{smallmatrix}4\\7\end{smallmatrix}}$
$\boxed{\begin{smallmatrix}3\\7\end{smallmatrix}}$	$\boxed{3}\, ,\boxed{4}\, ,\ \boxed{\begin{smallmatrix}3\\7\end{smallmatrix}}\, ,\ \boxed{\begin{smallmatrix}4\\7\end{smallmatrix}}$
$\boxed{\begin{smallmatrix}4\\7\end{smallmatrix}}$	$\boxed{4}\, ,\ \boxed{\begin{smallmatrix}4\\7\end{smallmatrix}}$

2.5 Shape and reduced shape algebras

For any rang two semisimple Lie algebra, we denote G the corresponding matrix group, we can repeat the argument in [ABW] for the decomposition of the G module $\mathbb{C}[G]^{N^+}$ (for the left action). This module is completely decomposable as a sum of finite dimensional irreducible modules, the highest weight are biinvariant polynomial functions (from the right by N^+, for the left by N^-) with possible weight $a\omega_1 + b\omega_2$, for each pair (a, b) there is one and only one such function, namely :

$$\delta_1^a \delta_{1,2}^b.$$

From this, we deduce that as a G module, $\mathbb{C}[G]^{N^+} = \oplus_{a,b}\Gamma_{a,b}$. Moreover, $\mathbb{C}[G]^{N^+}$ is an algebra, called the shape algebra of G.

Definition 2.5.1.
The shape algebra $\mathbb{S}_G$ of G is by definition the algebra $\mathbb{C}[G]^{N^+}$.

Then by construction, the set of semi standard tableaux forms a basis of the shape algebra and we get :

$$\mathbb{C}[G]^{N^+} = \mathbb{S}_G \simeq Sym^\bullet(\wedge\mathbb{C}^2) \Big/ \mathcal{PL}$$

where $\mathcal{PL}$ is the ideal generated by all the Plücker relations (internal or external).

From now one, we consider the restriction of the functions in $\mathbb{S}_G$ to the subgroup N^-. We get a quotient of $\mathbb{S}_G$ which is, as a vector space, the space $\mathbb{C}[N^-]$. Indeed, with the restriction of the functions δ_i and $\delta_{i,j}$ to N^-, it is easy, case by case to get the variables x, y for $A_1 \times A_1$, x, y, z for A_2, x, y, z, u for C_2, a, b, c, x, y, z for G_2.
The quotient has the form

$$\mathbb{C}[G]^{N^+} \Big/ < \delta_1 - 1,\ \delta_{1,2} - 1 > \simeq \mathbb{C}[N^-].$$

Definition 2.5.2.
We call reduced shape algebra and denote $\mathbb{S}_G^{red}$ this quotient, $\mathbb{S}_G^{red} \simeq \mathbb{C}[N^-]$.

Since the ideal defining the quotient is N^+ invariant, we get a structure of N^+ module on this space $\mathbb{C}[N^-]$. This structure is simply the regular action :

$$(n^+.f)(n_1^-) = f(\,{}^tn^+n_1^-).$$

Starting with the lowest weight vector in any $\Gamma_{a,b} \subset \mathbb{C}[G]^{N^+}$, which is $\delta_n^a\delta_{n-1,n}^b$ and acting with N^+, we generate exactly $\Gamma_{a,b}$ thus the canonical projection mapping

$$\pi : \mathbb{S}_G \longrightarrow \mathbb{S}_G^{red}$$

induces a bijective map of N^+ module from $\Gamma_{a,b}|_{N^+}$ onto $\pi(\Gamma_{a,b})$.

Now, since the highest weight vector $\delta_1^a\delta_{1,2}^b$ is the constant function 1 in $\mathbb{S}_G^{red}$, the N^+ module $\mathbb{S}_G^{red}$ is indecomposable and $\pi(\Gamma_{a',b'}) \subset \pi(\Gamma_{a,b})$ if $a' \leq a$ and $b' \leq b$.

Finally, we have, as N^+ module,

$$\mathbb{S}_G^{red} = \bigcup_{a,b} \pi(\Gamma_{a,b}) \quad \text{and} \quad \pi(\Gamma_{a,b}) = \bigcup_{a'\leq a,\ b'\leq b} \pi(\Gamma_{a',b'}).$$

This N^+ module is called the diamond cone for G. We now look for a basis for the diamond cone, which will be well adapted to this layering of $\mathbb{C}[N^-] = \mathbb{S}_G^{red}$.

2.6 Quasi standard Young tableaux

Let us give now the definition of quasi standard Young tableaux for each rank two semisimple Lie algebra, generalizing the $\mathfrak{sl}(n)$ case construction. With our choice of semi standard Young tableaux for the $A_1 \times A_1$ and C_2 case and the choice given in ([ADLMPPrW]) in the G_2 case, we define the quasi standard Young tableaux in the same way as for $\mathfrak{sl}(n)$:

We start from a semi standard Young tableau for a rank two semi simple Lie algebra and we apply the strategy of pushing the rows to extract case $\boxed{1}$ or column $\boxed{\begin{array}{c}1\\2\end{array}}$ as for $\mathfrak{sl}(n)$. This method gives the wanted basis for $\mathbb{S}_G^{red}$, except for G_2, where we moreover shall replace the column $\boxed{\begin{array}{c}4\\4\end{array}}$ by $\boxed{\begin{array}{c}1\\7\end{array}}$.

The set of quasi standard tableaux for the Lie algebras of type 'type' with shape λ will be denoted $\mathcal{QS}_{type}(\lambda)$. For more details, we use a case-by-case argument. Let us begin by the A_2 case (see section 2).

$\underline{\underline{A_2}}$:

We found in section 2 the following characterization for quasi standard Young tableaux.

Let $T = \boxed{\begin{array}{ccc|ccc} a_1 & \cdots & a_p & a_{p+1} & \cdots & a_{p+q} \\ \hline b_1 & \cdots & b_p \end{array}} \in \mathcal{S}_{A_2}(\lambda)$ for $\lambda = (q,p)$. T is said quasi standard ($T \in \mathcal{QS}_{A_2}(\lambda)$) if and only if :

- $\boxed{\begin{array}{c}a_1\\b_1\end{array}} \neq \boxed{\begin{array}{c}1\\2\end{array}}$

    and

- $a_1 > 1$ or $q = 0$ or there is $i = 1, ..., p$ such that $a_{i+1} \geq b_i$.

$\underline{\underline{A_1 \times A_1}}$:

There is no external Plücker relation in this case, thus we just cancel the trivial columns $\boxed{\begin{array}{c}1\\2\end{array}}$ and $\boxed{1}$ in the semi standard Young tableaux for $A_1 \times A_1$. Thus we get :

$$\mathcal{QS}_{A_1 \times A_1}(\lambda) = \{T \in \mathcal{S}_{A_1 \times A_1}(\lambda), \ T \text{ without any trivial column}\},$$

or

let $T = \boxed{\begin{array}{ccc|ccc} a_1 & \cdots & a_p & a_{p+1} & \cdots & a_{p+q} \\ \hline b_1 & \cdots & b_p \end{array}} \in \mathcal{S}_{A_1 \times A_1}(\lambda)$ for $\lambda = (q,p)$. T is said quasi standard ($T \in \mathcal{QS}_{A_1 \times A_1}(\lambda)$) if and only if :

- $\boxed{\begin{array}{c}a_1\\b_1\end{array}} \neq \boxed{\begin{array}{c}1\\2\end{array}}$

and
- $a_1 > 1$ or $q = 0$ or there is $i = 1, ..., p$ such that $a_{i+1} \geq b_i$.

We can present the diamond cone by the drawing :

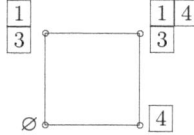

$\underline{\underline{C_2}}$:

Let us put :
$$QS_{C_2}(\lambda) = \{T \in S_{C_2}(\lambda) \text{ and } T \in QS_{A_3}(\lambda)\}.$$

Or

Let $T = \begin{array}{|c|c|c|c|c|c|} \hline a_1 & \cdots & a_p & a_{p+1} & \cdots & a_{p+q} \\ \hline b_1 & \cdots & b_p \\ \cline{1-3} \end{array} \in S_{C_2}(\lambda)$ for $\lambda = (q, p)$. T is said quasi s-

tandard ($T \in QS_{C_2}(\lambda)$) if and only if :

- $\begin{array}{|c|} \hline a_1 \\ \hline b_1 \\ \hline \end{array} \neq \begin{array}{|c|} \hline 1 \\ \hline 2 \\ \hline \end{array}$

and
- $a_1 > 1$ or $q = 0$ or there is $i = 1, ..., p$ such that $a_{i+1} \geq b_i$.

Example 2.6.1.

For $\lambda = (2, 1)$, we get the following family of quasi standard tableaux with shape λ :

$$QS_{C_2}(2,1) = \left\{ \begin{array}{l} \begin{array}{|c|c|c|}\hline 1&3&3\\\hline 3\\\cline{1-1}\end{array}, \begin{array}{|c|c|c|}\hline 1&3&4\\\hline 3\\\cline{1-1}\end{array}, \begin{array}{|c|c|c|}\hline 1&4&4\\\hline 3\\\cline{1-1}\end{array}, \begin{array}{|c|c|c|}\hline 1&4&4\\\hline 4\\\cline{1-1}\end{array}, \begin{array}{|c|c|c|}\hline 2&2&2\\\hline 4\\\cline{1-1}\end{array}, \begin{array}{|c|c|c|}\hline 2&2&3\\\hline 4\\\cline{1-1}\end{array}, \\[2em] \begin{array}{|c|c|c|}\hline 2&3&3\\\hline 4\\\cline{1-1}\end{array}, \begin{array}{|c|c|c|}\hline 2&2&4\\\hline 4\\\cline{1-1}\end{array}, \begin{array}{|c|c|c|}\hline 2&3&4\\\hline 4\\\cline{1-1}\end{array}, \begin{array}{|c|c|c|}\hline 2&4&4\\\hline 4\\\cline{1-1}\end{array}, \begin{array}{|c|c|c|}\hline 3&3&3\\\hline 4\\\cline{1-1}\end{array}, \begin{array}{|c|c|c|}\hline 3&3&4\\\hline 4\\\cline{1-1}\end{array}, \\[2em] \begin{array}{|c|c|c|}\hline 3&4&4\\\hline 4\\\cline{1-1}\end{array} \end{array} \right\}.$$

Theorem 2.6.2.

For any $\lambda = (a, b)$, a basis for $\pi(\Gamma_{a,b})$ is parameterized by the disjoint union
$$\bigsqcup_{a' \leq a, \ b' \leq b} QS_{C_2}(a', b').$$

The family of quasi standard Young tableaux forms a basis for the reduced shape algebra $S_{C_2}^{red}$.

Proof :

Let us use the Plücker relations. For C_2, since $\begin{array}{|c|}\hline 2\\\hline 3\\\hline\end{array} + \begin{array}{|c|}\hline 1\\\hline 4\\\hline\end{array} = 0$, these external relations are exactly the following :
$$- \begin{array}{|c|c|}\hline 1&1\\\hline 4\\\cline{1-1}\end{array} - \begin{array}{|c|c|}\hline 1&2\\\hline 3\\\cline{1-1}\end{array} + \begin{array}{|c|c|}\hline 1&3\\\hline 2\\\cline{1-1}\end{array} = 0,$$

$$\young(32,4) \;-\; \young(23,4) \;-\; \young(14,4) \;=\; 0,$$

$$\young(31,4) \;-\; \young(13,4) \;+\; \young(14,3) \;=\; 0,$$

$$\young(21,4) \;-\; \young(12,4) \;+\; \young(14,2) \;=\; 0,$$

$$\young(13,24) \;-\; \young(12,34) \;-\; \young(11,44) \;=\; 0,$$

We consider now $\mathbb{S}^{red}_{C_2}$ as the quotient of the polynomial algebra in the variables :

$$X = \young(2)\;,\; Y = \young(4)\;,\; Z = \young(3)\;,\; U = \young(1,3)\;,\; V = \young(2,4)\;,\; W = \young(1,4) \text{ and } T = \young(3,4)$$

by the ideal $\mathcal{PL}_{red}$ generated by the reduced Plücker relations :

$$\mathcal{PL}_{red} = <\, -W - XU + Z,\, TX - VZ - WY,\, T - WZ + UY,\, V - WX + Y,\, T - UV - W^2 \,>.$$

Using the monomial ordering given by the lexicographic ordering on (X, Z, Y, W, V, U, T), we get the following Groebner basis for $\mathcal{PL}_{red}$:

$$\Big\{ W^2 + UV - T\,,\, WT + WYU + ZUV - ZT\,,\, -T - YU + ZW,\, -WY + XT - ZV,$$

$$W + XU - Z\,,\, -V - Y + XW \Big\}.$$

The leading monomials of these elements, with respect to our ordering are :

$$W^2\,,\; ZUV\,,\; ZW\,,\; XT\,,\; XU\,,\; XW.$$

Thus a basis for the quotient $\mathbb{S}^{red}_{G}$ is given by the Young tableaux without any trivial column and not containing one of the following subtableaux :

$$\young(11,44)\,,\; \young(123,34)\,,\; \young(13,4)\,,\; \young(32,4)\,,\; \young(12,3)\,,\; \young(12,4)\;.$$

The remaining Young tableaux are exactly the quasi standard Young tableaux.

Indeed, "T is semi standard without any trivial column" is equivalent to "T does not contain any trivial column and does not contain $\young(11,44)$ nor $\young(32,4)$".

Moreover the remaining tableaux *i.e* $\young(123,34)$, $\young(13,4)$, $\young(12,3)$, and $\young(12,4)$ are by definition non quasi standard. Now, if T is a semi standard non quasi standard tableau, without any trivial column, T contains a minimal semi standard non quasi standard tableau without trivial column. Looking at all the possibilities for such minimal tableau with 2 columns, we get

$$\young(12,3)\,,\; \young(12,4) \text{ and } \young(13,4)\;.$$

But there is also such minimal tableau with three columns. By minimality, such tableau has two columns of size 2 and one column of size 1, T being non quasi standard, the first column of T is $\begin{array}{|c|}\hline 1 \\\hline 3 \\\hline\end{array}$ or $\begin{array}{|c|}\hline 1 \\\hline 4 \\\hline\end{array}$. If it is $\begin{array}{|c|}\hline 1 \\\hline 4 \\\hline\end{array}$ then we get the non quasi standard tableaux :

$$\begin{array}{|c|c|c|}\hline 1 & 2 & u \\\hline 4 & 4 & \\\cline{1-2}\end{array} \quad \text{and} \quad \begin{array}{|c|c|c|}\hline 1 & 3 & v \\\hline 4 & 4 & \\\cline{1-2}\end{array} \quad \text{with } u \geq 2 \text{ or } v \geq 3.$$

These non quasi standard tableaux are not minimal. Thus the first column of T is $\begin{array}{|c|}\hline 1 \\\hline 3 \\\hline\end{array}$, since T is minimal, its second column cannot be $\begin{array}{|c|}\hline 1 \\\hline 3 \\\hline\end{array}$ nor $\begin{array}{|c|}\hline 1 \\\hline 4 \\\hline\end{array}$. Therefore T is

$$\begin{array}{|c|c|c|}\hline 1 & 2 & u \\\hline 3 & 4 & \\\cline{1-2}\end{array} \quad \text{or} \quad \begin{array}{|c|c|c|}\hline 1 & 3 & v \\\hline 3 & 4 & \\\cline{1-2}\end{array} .$$

The tableau $\begin{array}{|c|c|c|}\hline 1 & 3 & v \\\hline 3 & 4 & \\\cline{1-2}\end{array}$ is quasi standard for any v. The tableau $\begin{array}{|c|c|c|}\hline 1 & 2 & 2 \\\hline 3 & 4 & \\\cline{1-2}\end{array}$ is non quasi standard, nonminimal, the tableau $\begin{array}{|c|c|c|}\hline 1 & 2 & 3 \\\hline 3 & 4 & \\\cline{1-2}\end{array}$ is non quasi standard minimal.

Finally, if T is any semi standard Young tableau containing a non quasi standard tableau, T is itself non quasi standard.

This proves that the monomial basis for the quotient coincides with the set of our quasi standard Young tableaux.

$\square$

Here is the drawing for a part of the diamond cone of $\mathfrak{sp}(4)$

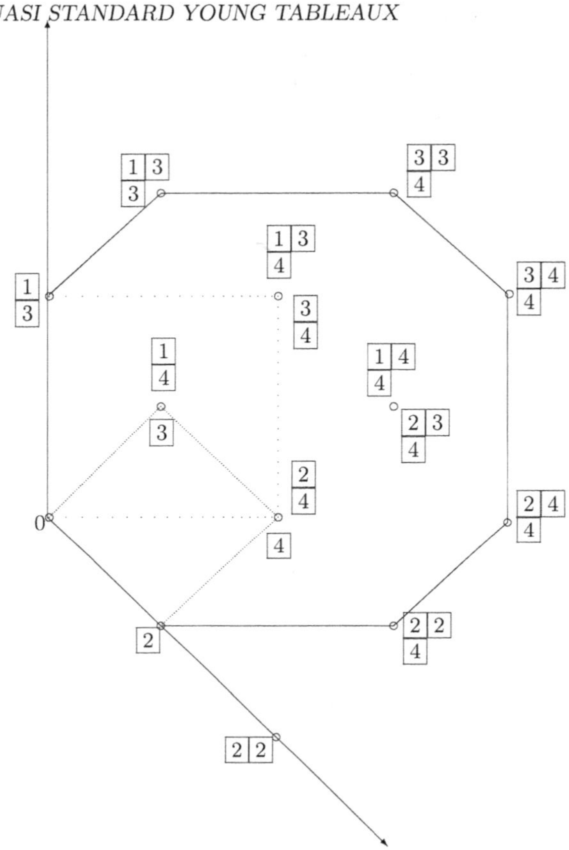

$\underline{\underline{G_2}}$:

Definition 2.6.3. Let $T = \begin{array}{|c|c|c|c|c|c|} \hline a_1 & \cdots & a_p & a_{p+1} & \cdots & a_{p+q} \\ \hline b_1 & \cdots & b_p \\ \cline{1-3} \end{array}$ be a semi standard Young tableau of shape $\lambda = (q,p)$ for G_2. We say that T is quasi standard if :

- $\begin{array}{|c|} \hline a_1 \\ \hline b_1 \\ \hline \end{array} \neq \begin{array}{|c|} \hline 1 \\ \hline 2 \\ \hline \end{array}$

   and
- $a_1 > 1$ or $q = 0$ or there is $i = 1, ..., p$ such that $a_{i+1} > b_i$ or $a_{i+1} = b_i \neq 4$.

Let $T = \begin{array}{|c|c|c|c|c|c|} \hline a_1 & \cdots & a_p & a_{p+1} & \cdots & a_{p+q} \\ \hline b_1 & \cdots & b_p \\ \cline{1-3} \end{array}$ be a semi standard Young tableau of shape $\lambda =$

(q, p) for G_2. We say that T is quasi standard if :

- $\boxed{\begin{array}{c} a_1 \\ \hline b_1 \end{array}} \neq \boxed{\begin{array}{c} 1 \\ \hline 2 \end{array}}$

  and
- $a_1 > 1$ or $q = 0$ or there is $i = 1, ..., p$ such that $a_{i+1} > b_i$ or $a_{i+1} = b_i \neq 4$.

Let us denote by $\mathcal{QS}_{G_2}(q, p)$ the set of quasi standard tableaux with shape (q, p), by $\mathcal{SNQS}_{G_2}(q, p)$ the set of semi standard, non quasi standard tableaux with shape (q, p). We first compute the cardinality of $\mathcal{QS}_{G_2}(q, p)$.

Let us define two operations on $T \in \mathcal{SNQS}_{G_2}(q, p)$.

a) The **'push'** operation :

Let us denote $T = \boxed{\begin{array}{ccc|ccc} a_1 & \cdots & a_p & a_{p+1} & \cdots & a_{p+q} \\ \hline b_1 & \cdots & b_p \end{array}} \in \mathcal{SNQS}_{G_2}(q, p)$.

- If $\boxed{\begin{array}{c} a_1 \\ \hline b_1 \end{array}} = \boxed{\begin{array}{c} 1 \\ \hline 2 \end{array}}$, we put

$$P(T) = \boxed{\begin{array}{ccc|ccc} a_2 & \cdots & a_p & a_{p+1} & \cdots & a_{p+q} \\ \hline b_2 & \cdots & b_p \end{array}}$$

- If $a_1 = 1$, $q > 0$ and for any $i = 1, ..., p$, $a_{i+1} < b_i$ or $a_{i+1} = b_i = 4$, we put

$$P(T) = \boxed{\begin{array}{ccc|ccc} a_2 & \cdots & a_p & a_{p+1} & \cdots & a_{p+q} \\ \hline b_1 & \cdots & b_p \end{array}} .$$

b) The **'rectification'** operation :

The tableau $P(T)$ is generally non semi standard. We define the rectification $R(P(T))$ of $P(T)$ as follows :
we read each 2 column of $P(T)$ and we replace any wrong 2 column by a corresponding acceptable one, following the table (1) :

Wrong column	acceptable column
$\begin{array}{c}\boxed{4}\\\boxed{4}\end{array}$	$\begin{array}{c}\boxed{1}\\\boxed{7}\end{array}$
$\begin{array}{c}\boxed{2}\\\boxed{3}\end{array}$	$\begin{array}{c}\boxed{1}\\\boxed{4}\end{array}$
$\begin{array}{c}\boxed{4}\\\boxed{6}\end{array}$	$\begin{array}{c}\boxed{3}\\\boxed{7}\end{array}$
$\begin{array}{c}\boxed{3}\\\boxed{5}\end{array}$	$\begin{array}{c}\boxed{2}\\\boxed{6}\end{array}$
$\begin{array}{c}\boxed{3}\\\boxed{4}\end{array}$	$\begin{array}{c}\boxed{1}\\\boxed{6}\end{array}$
$\begin{array}{c}\boxed{5}\\\boxed{6}\end{array}$	$\begin{array}{c}\boxed{4}\\\boxed{7}\end{array}$
$\begin{array}{c}\boxed{2}\\\boxed{4}\end{array}$	$\begin{array}{c}\boxed{1}\\\boxed{5}\end{array}$
$\begin{array}{c}\boxed{4}\\\boxed{5}\end{array}$	$\begin{array}{c}\boxed{3}\\\boxed{6}\end{array}$

$$(1)$$

Proposition 2.6.4.

For any $T \in \mathcal{SNQS}_{G_2}(q,p)$, $R(P(T))$ belongs to $\mathcal{S}_{G_2}(q, p-1) \sqcup \mathcal{S}_{G_2}(q-1, p)$.

Proof :

If $\begin{array}{|c|}\hline a_1 \\\hline b_1 \\\hline\end{array} = \begin{array}{|c|}\hline 1 \\\hline 2 \\\hline\end{array}$, it is evident that $R(P(T))$ belongs to $\mathcal{S}_{G_2}(q, p-1)$. For the second case, using a computer, we consider case by case, all the possibilities for 3 successive columns in T and the corresponding result in $P(T)$. We have to consider 3 cases :

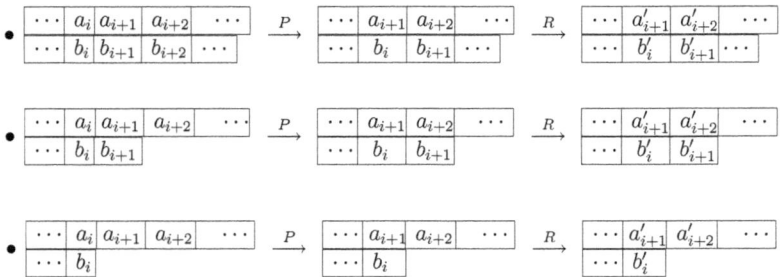

- $\begin{array}{|c|c|c|c|c|}\hline \cdots & a_i & a_{i+1} & a_{i+2} & \cdots \\\hline \cdots & b_i & b_{i+1} & b_{i+2} & \cdots \\\hline\end{array} \xrightarrow{P} \begin{array}{|c|c|c|c|}\hline \cdots & a_{i+1} & a_{i+2} & \cdots \\\hline \cdots & b_i & b_{i+1} & \cdots \\\hline\end{array} \xrightarrow{R} \begin{array}{|c|c|c|c|}\hline \cdots & a'_{i+1} & a'_{i+2} & \cdots \\\hline \cdots & b'_i & b'_{i+1} & \cdots \\\hline\end{array}$

- $\begin{array}{|c|c|c|c|c|}\hline \cdots & a_i & a_{i+1} & a_{i+2} & \cdots \\\hline \cdots & b_i & b_{i+1} & & \\\hline\end{array} \xrightarrow{P} \begin{array}{|c|c|c|c|}\hline \cdots & a_{i+1} & a_{i+2} & \cdots \\\hline \cdots & b_i & b_{i+1} & \\\hline\end{array} \xrightarrow{R} \begin{array}{|c|c|c|c|}\hline \cdots & a'_{i+1} & a'_{i+2} & \cdots \\\hline \cdots & b'_i & b'_{i+1} & \\\hline\end{array}$

- $\begin{array}{|c|c|c|c|c|}\hline \cdots & a_i & a_{i+1} & a_{i+2} & \cdots \\\hline \cdots & b_i & & & \\\hline\end{array} \xrightarrow{P} \begin{array}{|c|c|c|c|}\hline \cdots & a_{i+1} & a_{i+2} & \cdots \\\hline \cdots & b_i & & \\\hline\end{array} \xrightarrow{R} \begin{array}{|c|c|c|c|}\hline \cdots & a'_{i+1} & a'_{i+2} & \cdots \\\hline \cdots & b'_i & & \\\hline\end{array}$

We verify, in each case, that the result is : $R(P(T)) \in \mathcal{S}_{G_2}(q-1, p)$.

Indeed, for example in the third case, all tableaux T in $\mathcal{S}_{G_2}(2,1)$ such that $a_2 < b_1$ define the following tableaux $R(P(T))$:

$$\frac{1\ 2}{3}\ ,\ \frac{1\ 1}{3}\ ,\ \frac{1\ 2}{4}\ ,\ \frac{1\ 3}{3}\ ,\ \frac{1\ 3}{4}\ ,\ \frac{1\ 4}{3}\ ,\ \frac{1\ 4}{4}\ ,\ \frac{1\ 5}{3}\ ,\ \frac{1\ 5}{4}\ ,\ \frac{1\ 6}{3}\ ,\ \frac{1\ 6}{4}\ ,$$

$$\frac{1\ 7}{3}\ ,\ \frac{1\ 7}{4}\ ,\ \frac{1\ 2}{5}\ ,\ \frac{1\ 3}{5}\ ,\ \frac{1\ 3}{6}\ ,\ \frac{1\ 4}{5}\ ,\ \frac{1\ 4}{6}\ ,\ \frac{1\ 5}{5}\ ,\ \frac{1\ 5}{6}\ ,\ \frac{1\ 6}{5}\ ,\ \frac{1\ 6}{6}\ ,$$

$$\frac{1\ 7}{5}\ ,\ \frac{1\ 7}{6}\ ,\ \frac{2\ 2}{5}\ ,\ \frac{2\ 3}{5}\ ,\ \frac{2\ 3}{6}\ ,\ \frac{2\ 4}{5}\ ,\ \frac{2\ 4}{6}\ ,\ \frac{2\ 5}{5}\ ,\ \frac{2\ 5}{6}\ ,\ \frac{2\ 5}{7}\ ,\ \frac{2\ 6}{5}\ ,$$

$$\frac{2\ 6}{6}\ ,\ \frac{2\ 6}{7}\ ,\ \frac{2\ 7}{5}\ ,\ \frac{2\ 7}{6}\ ,\ \frac{2\ 7}{7}\ ,\ \frac{3\ 3}{6}\ ,\ \frac{3\ 4}{6}\ ,\ \frac{3\ 5}{6}\ ,\ \frac{3\ 5}{7}\ ,\ \frac{4\ 5}{7}\ ,\ \frac{3\ 6}{6}\ ,$$

$$\frac{3\ 6}{7}\ ,\ \frac{4\ 6}{7}\ ,\ \frac{3\ 7}{6}\ ,\ \frac{3\ 7}{7}\ ,\ \frac{4\ 7}{7}\ ,\ \frac{5\ 5}{7}\ ,\ \frac{5\ 6}{7}\ ,\ \frac{6\ 6}{7}\ ,\ \frac{5\ 7}{7}\ ,\ \frac{6\ 7}{7}\ ,\ \frac{1\ 2}{2}\ ,$$

$$\frac{1\ 1}{2}\ ,\ \frac{1\ 3}{2}\ ,\ \frac{1\ 4}{2}\ ,\ \frac{1\ 5}{2}\ ,\ \frac{1\ 6}{2}\ ,\ \frac{1\ 7}{2}$$

All these tableaux are in $\mathcal{S}_{G_2}(1,1)$.

Now we define a mapping f from $\mathcal{S}_{G_2}(q,p)$ into $\bigsqcup_{\substack{p'\leq p\\ q'\leq q}} \mathcal{QS}_{G_2}(q',p')$ as follows.

Let T be in $\mathcal{S}_{G_2}(q,p)$, if T is quasi standard, we put $f(T) = T$, if T is not quasi standard, we put $T' = R(P(T))$. If T' is quasi standard, we define $f(T) = T'$. If it is not the case, we put $T'' = R(P(T'))$, if T'' is quasi standard, we put $f(T) = T''$ and so one...

Proposition 2.6.5.
 The map f is a one-to-one mapping from $\mathcal{S}_{G_2}(q,p)$ onto $\bigsqcup_{\substack{p'\leq p\\ q'\leq q}} \mathcal{QS}_{G_2}(q',p')$.

Proof :
 We just define the inverse mapping of f. Let T be in $\mathcal{S}_{G_2}(q',p')$. Suppose that $q' \leq q$. We first compute $R^{-1}(T)$ i.e we replace each 2-column of T in the "acceptable columns" in the table (1) by the corresponding wrong columns. Let

$$R^{-1}(T) = \begin{array}{|c|c|c|c|c|c|} \hline a_1 & \cdots & a_{p'} & a_{p'+1} & \cdots & a_{p'+q'} \\ \hline b_1 & \cdots & b_{p'} \\ \cline{1-3} \end{array}$$

the resulting tableau. Then we 'pull' the resulting tableau, that is we define :

$$P^{-1}(R^{-1}(T)) = T' = \begin{array}{|c|c|c|c|c|c|c|} \hline 1 & a_1 & \cdots & a_{p'-1} & a_{p'} & \cdots & a_{p'+q'} \\ \hline b_1 & b_2 & \cdots & b_{p'} \\ \cline{1-4} \end{array} .$$

We verify, case by case as above, that the resulting tableau T' is in $\mathcal{S}_{G_2}(q'+1,p')$. If $q' + 1 < q$, we repeat this operation.
Finally, we get a tableau $T'' = (P^{-1} \circ R^{-1}) \circ ... \circ (P^{-1} \circ R^{-1})(T) \in \mathcal{S}_{G_2}(q,p')$. If $p' < p$,

we add to T'' $p - p'$ trivial 2-columns $\boxed{\begin{array}{c}1\\2\end{array}}$. By construction, the mapping g so defined

from $\displaystyle\bigsqcup_{\substack{p'\leq p\\q'\leq q}} \mathcal{QS}_{G_2}(q',p')$ to $\mathcal{S}_{G_2}(q,p)$ is the inverse mapping of f.

Let us recall the projection mapping $\pi : \mathbb{S}_{G_2} = \oplus_{p,q} \ \Gamma_{q,p} \longrightarrow \mathbb{S}_{G_2}^{red}$. We show that if $p' \leq p$, $q' \leq q$, then $\pi(\Gamma_{q',p'}) \subset \Gamma_{q,p}$. Now, our proposition proves by induction on p and q that :

$$\sharp \mathcal{QS}_{G_2}(q,p) = dim\big(\pi(\Gamma_{q,p}) \Big/ \sum_{(p',q')<(p,q)} \pi(\Gamma_{q',p'})\big)$$

where $(p',q') < (p,q)$ means $p' \leq p$, $q' \leq q$ and $(p',q') \neq (p,q)$.

Proposition 2.6.6.
   The set $\mathcal{QS}_{G_2}(p,q)$ is a basis for a supplementary space $W_{p,q}$ in $\pi(\Gamma_{q,p})$ to the space $\displaystyle\sum_{(p',q')<(p,q)} \pi(\Gamma_{q',p'})$.

Proof :
   Since the number of quasi standard tableaux is the dimension of our space, it is enough to prove that the family $\mathcal{QS}_{G_2}(q,p)$ is independent in the quotient $\pi(\Gamma_{q,p}) \Big/ \displaystyle\sum_{(p',q')<(p,q)} \pi(\Gamma_{q',p'})$.

Suppose this is not the case, there is a linear relation $\displaystyle\sum_i a_i T_i$ between some T_i in

$\mathcal{QS}_{G_2}(q,p)$ which belongs to $\displaystyle\sum_{(p',q')<(p,q)} \pi(\Gamma_{q',p'})$ that means, there is a S in the ideal

$\mathcal{PL}_{red}$ of reduced Plücker relations, a family (T'_j) of tableaux in $\cup_{(p',q')<(p,q)} \ \mathcal{S}_{G_2}(q',p')$ and $b_j \in \mathbb{R}$ such that : $\displaystyle\sum_i a_i T_i = \sum_j b_j T'_j + S$. This means

$$\big(\sum_i a_i T_i - \sum_j b_j T'_j\big) \mid_{N^-} = 0. \tag{1}$$

But now the action of the diagonal matrices $H \in \mathfrak{h}$ in G_2 are diagonal in $\mathbb{C}[\delta_{i,j}, \delta_i]$. Thus we decompose the preceding expression in a finite sum of weight vectors with weight $\mu \in \mathfrak{h}^*$. The relation (1) holds for any weight vector, thus we get a nontrivial relation :

$$\big(\sum_i a_i T_i - \sum_j b_j T'_j\big) \mid_{N^-} = 0, \quad (H - \mu(H)).\big(\sum_i a_i T_i - \sum_j b_j T'_j\big) = 0.$$

The first relation means there is S_μ in the ideal $\mathcal{PL}_{red}$ such that :

$$\sum_i a_i T_i - \sum_j b_j T'_j = S_\mu.$$

S_μ being in $\mathcal{PL}_{red}$ can be written as :

$$S_\mu = \sum_k PL_k + \sum_l T'_l\big(\boxed{\begin{array}{c}1\\2\end{array}} - 1\big) + \sum_m T''_m\big(\boxed{1} - 1\big)$$

where PL_k are Plücker relations which are homogeneous, with weight μ, with respect to the $\mathfrak{h}$ action. Let us put

$$U = \sum_i a_i T_i - \sum_j b_j T_j' - \sum_k PL_k.$$

U is a linear combination of Young tableaux $U = \sum_\ell c_\ell U_\ell$, it is homogeneous with weight μ. If we delete the trivial columns of each the U_ℓ tableau, we get a tableau U_ℓ' of weight $\mu - a\omega_1 - b\omega_2$, if there is a columns $\boxed{1}$ and b columns $\boxed{\begin{smallmatrix}1\\2\end{smallmatrix}}$. Now to delete these columns corresponds exactly to the restriction of the corresponding polynomial functions to N^-. Denoting by $'$ the restriction to N^-, we get :

$$U' = \sum_\ell c_\ell U_\ell' = 0.$$

For any (a,b), we put $M_{(a,b)} = \{\ell,\ \text{such that } U_\ell' \text{ has weight } \mu - a\omega_1 - b\omega_2\}$ then for any (a,b), by homogeneity,

$$\sum_{\ell \in M_{(a,b)}} c_\ell U_\ell = 0.$$

Finally,

$$U = \sum_{a,b} \left(\boxed{\begin{smallmatrix}1\\2\end{smallmatrix}} \right)^b \sum_{\ell \in M_{(a,b)}} c_\ell U_\ell \left(\boxed{1} \right)^a = 0.$$

This proves our proposition.

□

Finally we can compute the semi standard non quasi standard minimal tableaux for G_2, without any trivial column :

$$
\left\{
\begin{array}{l}
\young{1&2\\3}, \young{1&2\\4}, \young{1&2\\5}, \young{1&3\\4}, \young{1&3\\5}, \young{1&3\\6}, \young{1&4\\4}, \young{1&4\\5}, \young{1&4\\6}, \young{1&5\\6}, \\[2mm]
\young{1&5\\7}, \young{1&6\\7}, \young{1&2&3\\3&5}, \young{1&2&4\\3&5}, \young{1&2&3\\3&6}, \young{1&2&4\\3&6}, \young{1&2&5\\3&3}, \young{1&2&5\\3&7}, \\[2mm]
\young{1&2&6\\3&7}, \young{1&2&4\\4&5}, \young{1&2&4\\4&6}, \young{1&2&5\\4&6}, \young{1&3&4\\4&6}, \young{1&3&5\\4&6}, \young{1&2&5\\4&7}, \young{1&2&6\\4&7}, \\[2mm]
\young{1&3&5\\4&7}, \young{1&3&6\\4&7}, \young{1&2&5\\5&6}, \young{1&3&5\\5&6}, \young{1&2&5\\5&7}, \young{1&2&6\\5&7}, \young{1&3&5\\5&7}, \young{1&3&6\\5&7}, \\[2mm]
\young{1&4&5\\5&7}, \young{1&4&6\\5&7}, \young{1&3&6\\6&7}, \young{1&4&6\\6&7}, \young{1&5&6\\6&7}, \young{1&2&3&5\\3&5&6}, \young{1&2&3&6\\3&6&7}, \\[2mm]
\young{1&2&4&6\\3&6&7}, \young{1&2&5&6\\3&6&7}, \young{1&2&3&5\\3&5&7}, \young{1&2&4&5\\3&5&7}, \young{1&2&3&6\\3&5&7}, \young{1&2&4&6\\3&5&7}, \\[2mm]
\young{1&2&4&5\\4&5&7}, \young{1&2&4&6\\4&5&7}, \young{1&2&4&7\\4&5&7}, \young{1&2&4&6\\4&6&7}, \young{1&2&5&6\\4&6&7}, \young{1&3&4&6\\4&6&7}, \\[2mm]
\young{1&3&5&6\\4&6&7}, \young{1&2&5&6\\5&6&7}, \young{1&3&5&6\\5&6&7}, \young{1&2&3&5&6\\3&5&6&7}
\end{array}
\right\}.
$$

Now, for G_2, the picture of a part of the diamond cone is as follows :

Bibliographie

[ABW] D. Arnal, N. Bel Baraka, N. Wildberger : "Diamond representations of $\mathfrak{sl}(n)$", International Journal of Algebra and Computation, **13** n°2 (2006), 381–429

[ADLMPPrW] L. W. Alverson II, R. G. Donnelly, S. J. Lewis, M. McClard, R. Pervine, R. A. Proctor, N. J. Wildberger, "Distributive lattice defined for representations of rank two semisimple Lie algebras" ArXiv 0707.2421 v 1 (2007)

[FH] W. Fulton and J. Harris, "Representation theory"; Readings in Mathematics. **129**(1991) Springer- Verlag, New York.

[V] V.S. Varadarajan "Lie groups, Lie algebras, and their representations"; Springer-Verlag, New York; Berlin (1984).

[W2] N. J. Wildberger "A combinatorial construction of G_2", J. of Lie theory, vol 13 (2003).

Chapitre 3

Le cône diamant symplectique

D. Arnal Et O. Khlifi.

Accepté pour publication dans le Bulletin des Sciences Mathématiques.

Abstract The diamond cone is a combinatorial description for a basis in a inde-composable module for the nilpotent factor $\mathfrak{n}^+$ of a semi simple Lie algebra. After N.J. Wildberger who introduced this notion for $\mathfrak{sl}(3)$, this description was achevied in [ABW] for $\mathfrak{sl}(n)$ and in [AAK] for the rank 2 semi-simple Lie algebras.

In the present work, we generalize these constructions to the Lie algebras $\mathfrak{sp}(2n)$. The symplectic semi standard Young tableaux were defined by C. de Concini in [DeC], they form a basis for the shape algebra of $\mathfrak{sp}(2n)$. We introduce here the notion of symplectic quasi standard Young tableaux, these tableaux give the diamond cone for $\mathfrak{sp}(2n)$.

Résumé. Si $\mathfrak{n}^+$ est le facteur nilpotent d'une algèbre semi simple $\mathfrak{g}$, le cône diamant de $\mathfrak{g}$ est la description combinatoire d'une base d'un $\mathfrak{n}^+$ module indécomposable naturel. Cette notion a été introduite par N. J. Wildberger pour $\mathfrak{sl}(3)$, le cône diamant de $\mathfrak{sl}(n)$ est décrit dans [ABW], celui des algèbres semi simples de rang 2 dans [AAK].

Dans cet article, nous généralisons ces constructions au cas des algèbres de Lie $\mathfrak{sp}(2n)$. Les tableaux de Young semi standards symplectiques ont été définis par C. de Concini dans [DeC], ils forment une base de l'algèbre de forme de $\mathfrak{sp}(2n)$. Nous introduisons ici la notion de tableaux de Young quasi standards symplectiques, ces derniers décrivent le cône diamant de $\mathfrak{sp}(2n)$.

3.1 Introduction

Soit $\mathfrak{g}$ une algèbre de Lie semi simple complexe de dimension finie et

$$\mathfrak{g} = \mathfrak{h} + \sum_{\alpha \in \Phi} \mathfrak{g}^\alpha = \mathfrak{h} + \sum_{\alpha \in \Phi} \mathbb{C} X_\alpha$$

sa décomposition en sous-espaces radiciels.

La théorie des modules simples de dimension finie de $\mathfrak{g}$ est très bien connue et assez explicite. Ayant fixé un système de racines simples Δ, on note Φ^+ l'ensemble des racines positives, $\mathfrak{n}^+ = \sum_{\alpha \in \Phi^+} \mathfrak{g}^\alpha$, on sait qu'un tel module simple V^λ est caractérisé à équivalence près par son plus haut poids λ qui est entier et dominant. Soit Λ l'ensemble des poids entiers dominants. Cette théorie peut se résumer à la description de l'algèbre de forme de $\mathfrak{g}$. Cette algèbre est l'espace

$$\mathbb{V} = \bigoplus_{\lambda \in \Lambda} V^\lambda,$$

muni d'une multiplication associative et commutative naturelle (voir [FH]).

Un problème combinatoire classique est alors de décrire explicitement cette algèbre, en particulier d'en donner une base, formée d'une union de bases de chaque V^λ. Par exemple dans le cas où $\mathfrak{g} = \mathfrak{sl}(n)$, on note $\mathbb{S}^\lambda$ le module V^λ et $\mathbb{S}^\bullet$ l'algèbre de forme de $\mathfrak{sl}(n)$. Cette algèbre s'identifie à une algèbre de fonctions polynômes sur le groupe de Lie $SL(n)$, et on connaît depuis le $19^{\grave{e}me}$ siècle une telle base. On peut l'indexer par l'ensemble $SS^\bullet$ des tableaux de Young semi standards, remplis par des coefficients dans $\{1, \ldots, n\}$ et dont les colonnes sont de hauteur inférieure à n : chaque tableau définit naturellement une fonction polynôme, produits de sous déterminants sur $SL(n)$, ces fonctions forment une base de $\mathbb{S}^\bullet$, les tableaux de forme λ définissant une base de V^λ.

Dans la suite, on notera $v_{-\lambda}$ un vecteur de plus bas poids de V^λ, V^λ est engendré par l'action de $\mathfrak{n}^+$ sur le vecteur $v_{-\lambda}$. On notera $V^\lambda_{\mathfrak{n}^+}$ l'espace V^λ vu comme un $\mathfrak{n}^+$ module monogène. Ces modules monogènes sont en fait maximaux et caractérisés par les nombres entiers naturels a_α $(\alpha \in \Delta)$ tels que

$$X_\alpha^{a_\alpha} v_{-\lambda} \neq 0 \quad \text{et} \quad X_\alpha^{a_\alpha + 1} v_{-\lambda} = 0 \quad (\alpha \in \Delta).$$

La description des modules monogènes nilpotents de $\mathfrak{n}^+$ semble donc se résumer à la description d'une nouvelle algèbre $\mathbb{V}_{red}$, quotient de l'algèbre de forme $\mathbb{V}$ et que l'on appellera l'algèbre de forme réduite de $\mathfrak{g}$. Cette algèbre ne sera plus la somme directe des $V^\lambda_{\mathfrak{n}^+}$ mais en fait un $\mathfrak{n}^+$ module indécomposable, union de tous ces modules, avec la stratification naturelle : $V^\mu_{\mathfrak{n}^+} \subset V^\lambda_{\mathfrak{n}^+}$ si et seulement si $\mu \leq \lambda$.

Le problème combinatoire est maintenant de décrire une base de l'algèbre de forme réduite, adaptée à la stratification, c'est à dire une base union de bases des $V^\lambda_{\mathfrak{n}^+}$, la base de $V^\lambda_{\mathfrak{n}^+}$ contenant toutes celles des $V^\mu_{\mathfrak{n}^+}$ si $\mu \leq \lambda$.

Supposons de nouveau que $\mathfrak{g} = \mathfrak{sl}(n)$. Ce cas a été étudié dans [ABW]. L'algèbre de forme réduite, $\mathbb{S}^\bullet_{red}$ est isomorphe à l'algèbre $\mathbb{C}[N^+]$ des fonctions polynômes sur le groupe $N^+ = \exp \mathfrak{n}^+$. Une base adaptée de cette algèbre est donnée par l'ensemble $QS^\bullet$ des tableaux de Young appelés quasi standards. La base de $V^\lambda_{\mathfrak{n}^+}$ étant donnée par l'ensemble des tableaux de Young quasi standards de forme inférieure ou égale à λ. Autrement dit, l'ensemble des tableaux de Young quasi standards de forme λ forme une base d'un supplémentaire de $\sum_{\mu < \lambda} V^\mu_{\mathfrak{n}^+}$ dans $V^\lambda_{\mathfrak{n}^+}$. En reprenant la terminologie de N. J. Wildberger, on dit qu'on a décrit le cône diamant de $\mathfrak{sl}(n)$, [W1].

Récemment, avec B. Agrebaoui, nous avons réalisé la même construction combinatoire pour les algèbres de rang 2 : $\mathfrak{sl}(2) \times \mathfrak{sl}(2)$, $\mathfrak{sl}(3)$, $\mathfrak{sp}(4)$ et g_2. Nous avons ainsi décrit leur cône diamant en utilisant pour chacune d'elles la bonne notion de tableau de Young quasi standard ([AAK]).

Le but de cet article est de traiter de la même façon les algèbres de Lie symplectiqes $\mathfrak{sp}(2n)$. Pour ces algèbres, on peut définir la classe des tableaux de Young semi standards, ce qui donne une base de l'algèbre de forme $\mathbb{S}^{\langle \bullet \rangle}$ de $\mathfrak{sp}(2n)$.

On regarde d'abord $\mathfrak{sp}(2n)$ comme une sous algèbre de Lie de l'algèbre $\mathfrak{sl}(2n)$, de telle façon que, avec des notations évidentes,

$$\mathfrak{h}_{\mathfrak{sp}(2n)} = \mathfrak{h}_{\mathfrak{sl}(2n)} \cap \mathfrak{sp}(2n), \quad \mathfrak{n}^+_{\mathfrak{sp}(2n)} = \mathfrak{n}^+_{\mathfrak{sl}(2n)} \cap \mathfrak{sp}(2n).$$

On se limite alors aux $\mathfrak{sl}(2n)$ modules simples $\mathbb{S}^\lambda$ qui correspondent aux tableaux de Young n'ayant pas de colonne de hauteur $> n$, la restriction de $\mathbb{S}^\lambda$ à $\mathfrak{sp}(2n)$ contient exactement un $\mathfrak{sp}(2n)$ module simple $\mathbb{S}^{\langle \lambda \rangle}$ de plus haut poids $\lambda|_{\mathfrak{h}_{\mathfrak{sp}(2n)}}$. On décrit ainsi exactement l'ensemble des $\mathfrak{sp}(2n)$ modules simples et il existe deux combinatoires, celles de de Concini et celle de Kashiwara-Nakashima qui permettent de sélectioner, parmi les tableaux de Young semi standards de forme λ, une base de $V^{\langle \lambda \rangle}$. On dira que ces tableaux sont les tableaux semi standards symplectiques, voir [DeC], [KN].

Dans cet article, on va définir la notion de tableau de Young quasi standard symplectique et montrer que, comme dans le cas de $\mathfrak{sl}(n)$ ou des algèbres de rang 2, les tableaux quasi standards symplectiques de forme λ forment une base d'un supplémentaire de $\sum_{\mu < \lambda} \mathbb{S}^{\langle \mu \rangle}_{\mathfrak{n}^+_{\mathfrak{sp}(2n)}}$ dans $\mathbb{S}^{\langle \lambda \rangle}_{\mathfrak{n}^+_{\mathfrak{sp}(2n)}}$. On obtiendra ainsi une base de l'algèbre de forme réduite de $\mathfrak{sp}(2n)$. Cette algèbre, notée $\mathbb{S}^{\langle \bullet \rangle}_{red}$, est isomorphe à $\mathbb{C}[N^+_{\mathfrak{sp}(2n)}]$ et sa structure de $\mathfrak{n}^+_{\mathfrak{sp}(2n)}$ module indécomposable est bien décrite par notre base. On aura ainsi décrit le cône diamant des algèbres $\mathfrak{sp}(2n)$.

3.2 Tableaux de Young semi et quasi standards pour $\mathfrak{sl}(n)$

Dans cette section, on va rappeler les définitions, les notations et les résultats de l'article [ABW] qui étudie le cas des algèbres $\mathfrak{sl}(n)$. On esquissera aussi une nouvelle preuve du résultat principal de ce travail, en utilisant le jeu de taquin de Schützenberger. C'est cette preuve qui sera généralisée pour $\mathfrak{sp}(2n)$.

3.2.1 Tableaux de Young semi standards pour $\mathfrak{sl}(n)$

L'algèbre de Lie $\mathfrak{sl}(n)$ est l'ensemble des matrices complexes carrées d'ordre n et de trace nulle. Le groupe de Lie correspondant, $SL(n)$, est l'ensemble des matrices carrées d'ordre n et de déterminant 1.

L'ensemble $\mathfrak{h}$ des matrices diagonales $H = diag(\kappa_1, \ldots, \kappa_n)$ (avec $\sum_i \kappa_i = 0$) est une sous algèbre de Cartan de $\mathfrak{sl}(n)$. On définit les formes linéaires θ_i sur $\mathfrak{h}$ en posant $\theta_i(H) = \kappa_i$. On choisit l'ensemble des racines simples $\Delta = \{\alpha_i = \theta_{i+1} - \theta_i, \ 1 \le i < n\}$. Pour $1 \le k < n$, l'action naturelle de $\mathfrak{sl}(n)$ sur $\wedge^k \mathbb{C}^n$ définit des modules irréductibles de plus haut poids $\omega_k = \theta_1 + \cdots + \theta_k$. Ces modules sont les représentations fondamentales de $\mathfrak{sl}(n)$.

Chaque $\mathfrak{sl}(n)$ module simple est caractérisé par son plus haut poids

$$\lambda = \sum_{k=1}^{n-1} a_k \omega_k$$

où les a_k sont des entiers naturels. Notons ce module irréductible $\mathbb{S}^\lambda$, c'est un sous module de

$$Sym^{a_1}(\mathbb{C}^n) \otimes Sym^{a_2}(\wedge^2 \mathbb{C}^n) \otimes \cdots \otimes Sym^{a_{n-1}}(\wedge^{n-1} \mathbb{C}^n).$$

La théorie classique des $\mathfrak{sl}(n)$ modules simples dit que l'ensemble des modules simples est en bijection avec l'ensemble Λ des poids entiers positifs, et que l'application $\lambda \mapsto (a_1, \ldots, a_n)$ est une bijection de Λ sur $\mathbb{N}^{n-1}$.

Soit $(e_1, \ldots, e_n)$ la base canonique de $\mathbb{C}^n$. Le déterminant de la sous matrice de g obtenue en ne considérant que les lignes $i_1, \ldots, i_k$ et les colonnes $j_1, \ldots, j_d$ est noté $\det(g; i_1, \ldots, i_k; j_1, \ldots, j_k)$. Une base de $\mathbb{S}^{\omega_k}$ est donnée par l'ensemble des fonctions sous déterminant suivantes :

$$\begin{aligned} \delta^{(k)}_{i_1, \ldots, i_k}(g) &= \det(g; i_1, \ldots, i_k; 1, \ldots, k) \\ &= \langle e^\star_{i_1} \wedge \cdots \wedge e^\star_{i_k}, ge_1 \wedge \cdots \wedge ge_k \rangle \end{aligned}$$

où $g \in SL(n)$, et $i_1 < i_2 < \cdots < i_k$.

On note cette fonction par une colonne :

$$\delta^{(k)}_{i_1, \ldots, i_k} = \boxed{\begin{array}{c} i_1 \\ \hline i_2 \\ \hline \vdots \\ \hline i_k \end{array}}.$$

Si $i_1 = 1, i_2 = 2, \ldots, i_k = k$, la colonne sera dite triviale.

Le groupe $SL(n)$ agit sur ces colonnes par l'action régulière gauche :

$$(g.\delta^{(k)}_{i_1, \ldots, i_k})(g') = \delta^{(k)}_{i_1, \ldots, i_k}({}^t g g').$$

Par construction, cette action coïncide avec l'action naturelle de $SL(n)$ sur $\wedge^k \mathbb{C}^n$. La colonne triviale est le vecteur de poids ω_k, on la choisit comme le vecteur de plus haut poids de $\mathbb{S}^{\omega_k}$, ce module est maintenant défini univoquement (pas à un opérateur scalaire près).

On notera un produit de fonctions δ comme un tableau, formé d'une juxtaposition de colonnes qu'on appellera tableau de Young. Un tableau de Young vide T est une suite finie de colonnes $c_1, \ldots, c_r$. Chaque colonne verticale c_j est formée de ℓ_j cases vides. Ces cases sont repérées par un double indice : pour la colonne c_j, ce sont les cases $(1, j), \ldots,$ (ℓ_j, j). On suppose $1 \le \ell_r \le \cdots \le \ell_1 \le n - 1$. La forme du tableau $form(T)$ est le $n-1$ uplet $(a_1, \ldots, a_{n-1})$ s'il y a a_1 colonnes de hauteur $1, \ldots, a_{n-1}$ colonnes de hauteur $n-1$. On remplit le tableau avec des entiers t_{ij} placés dans les cases vides.

Ainsi, l'ensemble des tableaux de Young forme une base de l'algèbre symétrique :

$$Sym^\bullet(\textstyle\bigwedge \mathbb{C}^n) = Sym^\bullet(\mathbb{C}^n \oplus \wedge^2 \mathbb{C}^n \oplus \cdots \oplus \wedge^{n-1} \mathbb{C}^n)$$
$$= \sum_{a_1, \ldots, a_{n-1}} Sym^{a_1}(\mathbb{C}^n) \otimes \cdots \otimes Sym^{a_{n-1}}(\wedge^{n-1} \mathbb{C}^n).$$

Si $\lambda = \sum a_k \omega_k$, le module $\mathbb{S}^\lambda$ est alors équivalent au sous-module de $Sym^\bullet(\bigwedge \mathbb{C}^n)$ engendré par l'action de $\mathfrak{sl}(n)$ sur le tableau de Young T^λ ayant exactement a_1 colonnes triviales de hauteur $1, \ldots, a_{n-1}$ colonnes triviales de hauteur $n - 1$.

Soit N^+ le groupe des matrices $n \times n$ triangulaires supérieures avec des 1 sur la diagonales. On montre que l'algèbre des fonctions polynomiales en les coefficients de $g \in SL(n)$ N^+ invariantes par multiplication à droite est engendrée par les fonctions $\delta^{(k)}_{i_1, \ldots, i_k}$. Cette algèbre est donc un quotient de l'algèbre $Sym^\bullet(\bigwedge \mathbb{C}^n)$. En tant que $\mathfrak{sl}(n)$ module, elle est engendrée par les fonctions T^λ, c'est la somme directe des $\mathbb{S}^\lambda$.

Définition 3.2.1.

L'algèbre de forme de $SL(n)$ est le $\mathfrak{sl}(n)$ module :

$$\mathbb{S}^\bullet = \bigoplus_{\lambda \in \Lambda} \mathbb{S}^\lambda$$

vu comme le quotient de $Sym^\bullet(\bigwedge \mathbb{C}^n)$ défini ci-dessus.

Un tableau de Young de forme $\lambda = (a_1, \ldots, a_{n-1})$ est dit semi standard si son remplissage se fait par des entiers $\le n$ qui sont croissants de gauche à droite le long de chaque ligne et strictement croissants de haut en bas le long de chaque colonne.

La théorie classique des tableaux de Young semi standards dit que ces tableaux forment une base de l'espace $\mathbb{S}^\bullet$. Plus précisément :

Théorème 3.2.1.

1) On a les isomorphismes d'algèbre :

$$\mathbb{S}^\bullet \simeq \mathbb{C}[SL(n)]^{N^+} \simeq \mathbb{C}[\delta^{(k)}_{i_1, \ldots, i_k}]/\mathcal{PL} \ .$$

L'idéal $\mathcal{PL}$ est l'idéal engendré par les relations Plücker : pour $p \geq q \geq r$,

$$0 = \delta^{(p)}_{i_1,i_2,\ldots,i_p} \delta^{(q)}_{j_1,j_2,\ldots,j_q} + \sum_{\substack{A \subset \{i_1,\ldots,i_p\} \\ \#A = r}} \pm \delta^{(p)}_{(\{i_1,\ldots,i_p\} \setminus A) \cup \{j_1,\ldots,j_r\}} \delta^{(q)}_{A \cup \{j_{r+1},\ldots,j_q\}}.$$

2) Si $\lambda = a_1\omega_1 + \cdots + a_{n-1}\omega_{n-1} = (a_1,\ldots,a_{n-1})$, alors une base de $\mathbb{S}^\lambda$ est donnée par l'ensemble des tableaux de Young semi standards de forme λ.

3) La relation d'ordre sur les poids $\mu \leq \lambda$ coréspond à la relation d'ordre partielle $b_k \leq a_k$ pour tout k si $\mu = (b_1,\ldots,b_k)$ et $\lambda = (a_1,\ldots,a_k)$.

Exemple 3.2.1. Pour le cas de $\mathfrak{sl}(3)$ ($n = 3$), on a une seule relation de Plücker :

$$\begin{array}{|c|c|}\hline 1 & 3 \\\hline 2 \\\cline{1-1}\end{array} \; + \; \begin{array}{|c|c|}\hline 2 & 1 \\\hline 3 \\\cline{1-1}\end{array} \; - \; \begin{array}{|c|c|}\hline 1 & 2 \\\hline 3 \\\cline{1-1}\end{array} = 0.$$

L'algèbre de forme $\mathbb{S}^\bullet$, lorsque $n = 3$, est une sous algèbre de $Sym^\bullet(\bigwedge \mathbb{C}^3)$, on a vu comment définir une base de cette derniére, formée de tableaux de Young. La base de $\mathbb{S}^\bullet$ est obtenue en éliminant les tableaux non semi standards. C'est à dire exactement ceux qui contiennent le sous tableau $\begin{array}{|c|}\hline 2 \\\hline 3 \\\hline\end{array}$.

3.2.2 Tableaux de Young Quasi standards pour $\mathfrak{sl}(n)$

Pour construire l'algèbre de forme réduite à partir de l'algèbre de forme, on restreint les fonctions polynomiales N^+ invariantes sur $SL(n)$ au sous groupe $N^- = {}^t N^+$.

Définition 3.2.2.

On appelle algèbre forme réduite, et on note $\mathbb{S}^\bullet_{red}$, le quotient :

$$\mathbb{S}^\bullet_{red} = \mathbb{S}^\bullet / \langle \delta^{(k)}_{1,\ldots,k} - 1 \; \rangle.$$

Théorème 3.2.2.

En tant qu'algèbre, $\mathbb{S}^\bullet_{red}$ est l'algèbre des fonctions polynomiales sur le groupe N^-. C'est aussi le quotient de l'algèbre symétrique sur les fonctions $\delta^{(k)}_{i_1,\ldots,i_k}$ non triviales ($i_k > k$) par l'idéal des relations de Plücker réduites, c'est à dire des relations de Plücker dans lesquelles on suprime les colonnes triviales.

En tant que $\mathfrak{n}^+$ module, $\mathbb{S}^\bullet_{red}$ est indécomposable et c'est l'union des modules $V^\lambda_{\mathfrak{n}^+} = \mathbb{S}^\lambda_{\mathfrak{n}^+}$, stratifiée par :

$$\mu \leq \lambda \Longleftrightarrow \mathbb{S}^\mu_{\mathfrak{n}^+} \subset \mathbb{S}^\lambda_{\mathfrak{n}^+}.$$

Définition 3.2.3.

On considére un tableau semi standard $T = (t_{ij})$. Si le haut de la première colonne de T (les s premières lignes) est trivial, si T contient une colonne de hauteur s et si pour tout j pour lequel ces entrées existent, on a $t_{s(j+1)} < t_{(s+1)j}$, on dit que T n'est pas quasi standard en s. S'il n'existe aucun tel s, on dit que T est quasi standard.

Exemple 3.2.2.

La relation de Plücker réduite pour $\mathfrak{sl}(3)$ est :

$$\boxed{3} + \begin{array}{|c|}\hline 2 \\ \hline 3 \\ \hline\end{array} - \begin{array}{|c|c|}\hline 1 & 2 \\ \hline 3 \\ \cline{1-1}\end{array} = 0.$$

Cette relation contient un seul tableau non quasi standard : le dernier.

Notons SS^λ (resp. QS^λ) l'ensemble des tableaux de Young semi standards (resp. quasi standards) de forme λ.

Le résultat principal de [ABW] est que les tableaux quasi standards décrivent le cône diamant de $\mathfrak{sl}(n)$. Donnons une preuve de ce résultat utilisant le jeu de taquin de Schützenberger.

Soient S et T deux tableaux de Young vides de forme $\mu = form(S) = (b_1, \ldots, b_n) \leq \lambda = form(T) = (a_1, \ldots, a_{n-1})$. On place S dans le coin en haut à gauche de T. Un coin intérieur de S est une case (x, y) de S telle que, immédiatement à droite et immédiatement en dessous de cette case, il n'y a pas de case de S. Un coin extérieur de T est une case vide (x', y') qu'on peut ajouter à T de telle façon que $T \cup \{(x', y')\}$ soit encore un tableau de Young (ses colonnes sont de hauteurs décroissantes et commencent à la première ligne).

On laisse le tableau S vide et on remplit le 'tableau tordu' $T \setminus S$ de forme $\lambda \setminus \mu$ par des entiers $t_{ij} \leq n$ de façon semi standard : pour tout i et tout j, $t_{ij} < t_{(i+1)j}$ et $t_{ij} \leq t_{i(j+1)}$, si les cases correspondentes sont dans $T \setminus S$. On choisit un coin intérieur de S et on l'identifie par une étoile : $\boxed{\star}$. On dira qu'on a un tableau tordu $T \setminus S$ pointé. Par exemple,

est un tableau tordu pointé.

Le jeu de taquin consiste à déplacer cette case $\boxed{\star}$ dans T. Après un certain nombre de déplacements, le tableau T est devenu un tableau T' dans lequel la case pointée est à la place (i, j). Alors

Si la case $(i, j + 1)$ existe et si la case $(i + 1, j)$ n'existe pas ou $t_{(i+1)j} > t_{i(j+1)}$, on pousse $\boxed{\star}$ vers la droite, c'est à dire, on remplace T' par le tableau T'' où en (i, j), on met $\boxed{t_{i(j+1)}}$, on met $\boxed{\star}$ en $(i, j + 1)$, on ne modifie pas les autres entrées de T'.

Si la case $(i + 1, j)$ existe et si la case $(i, j + 1)$ n'existe pas ou $t_{(i+1)j} \leq t_{i(j+1)}$, on pousse $\boxed{\star}$ vers le bas, c'est à dire, on remplace T' par le tableau T'' où en (i, j), on met $\boxed{t_{(i+1)j}}$, on met $\boxed{\star}$ en $(i + 1, j)$, on ne modifie pas les autres entrées de T'.

Si les cases $(i + 1, j)$ et $(i, j + 1)$ n'existent pas, on supprime la case $\boxed{\star}$. La case (i, j) n'est plus une case de T'' mais le tableau formé des cases de T'' et de la case (i, j) est un tableau de Young. La case (i, j) est un coin extérieur de T''.

Exemple 3.2.3.

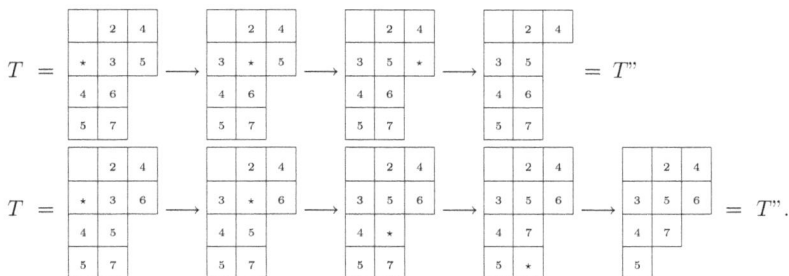

Appelons S'' le tableau de Young vide obtenu en supprimant la case pointée de S et $\mu'' = form(S'')$. Le tableau $T'' \setminus S''$ est encore semi standard. Si (i, j) est le coin intérieur pointé de S et (i'', j'') le coin extérieur pointé de T'', on pose $(T'' \setminus S'', (i'', j'')) = jdt(T \setminus S, (i, j))$. On peut inverser cette application.

Appelons inversion l'opération qui consiste à prendre un tableau de Young semi standard $T \setminus S$ de forme $form(T \setminus S) = \lambda \setminus \mu$, à le plonger dans le plus petit rectangle le contenant (c'est à dire le rectangle de largeur r et de hauteur ℓ_1), puis à retourner ce rectangle et à remplacer chacune des entrées t_{ij} du tableau tordu ainsi obtenu par $n + 1 - t_{ij}$ et $\star$ par $\star$. Le tableau obtenu $T' \setminus S' = \sigma(T \setminus S)$ est encore un tableau semi standard tordu. Si on pointe un coin extérieur de T, la case $\boxed{\star}$ est dans un coin intérieur de S', et réciproquement. Alors

$$jdt^{-1}(T'' \setminus S'', (i'', j'')) = \sigma \circ jdt \circ \sigma(T'' \setminus S'', (i'', j'')).$$

Par exemple le jeu de taquin appliqué ci dessus s'inverse ainsi si $n = 7$:

$(T, (4,2)) = $

		2	4
3	5	6	
4	7		
5	*		

$\sigma(T, (4,2)) = $

		*	3
	1	4	
2	3	5	
4	6		

$jdt \circ \sigma(T, (4,2)) = $

		1	3
	3	4	
2	5	*	
4	6		

$\sigma \circ jdt \circ \sigma(T, (4,2)) = $

		2	4
	*	3	6
4	5		
5	7		

Le jeu de taquin est donc une application bijective

$$jdt \; : \; \bigcup_{\lambda \backslash \mu} SS(\lambda \backslash \mu) \times \{\text{coins intérieurs de } \mu\} \longrightarrow$$

$$\longrightarrow \bigcup_{\lambda'' \backslash \mu''} SS(\lambda'' \backslash \mu'') \times \{\text{coins extérieurs de } \lambda''\}.$$

Considèrons maintenant un tableau $T = (t_{ij})$ non quasi standard et s le plus grand entier tel que T n'est pas quasi standard en s. Le haut de sa première colonne est trivial : $t_{s1} = s$, pour tout j, on a $t_{(s+1)j} < t_{s(j+1)}$ et T possède une colonne de hauteur s.

On ajoute à ce tableau une colonne triviale, de hauteur $n - 1$, dont on vide le sous tableau S formé des s cases supérieures.

On pointe S en son unique coin et on applique le jeu de taquin. La case pointée se déplace toujours vers la droite et 'sort' au bout de la dernière colonne de hauteur s. La ligne s a juste été décalée d'une case vers la gauche. On obtient un tableau de première colonne vide sur les $s - 1$ premières cases et triviale sur les $n - s$ cases restantes. On supprime cette colonne. Si $s > 1$, le tableau T''' obtenu n'est pas quasi standard en $s - 1$, et peut être en s, mais il est 'quasi standard en tout $t > s$'. On peut donc recommencer ce procédé et obtenir finalement un tableau quasi standard T'. Il est aisé de vérifier que cette procédure réalise une bijection entre l'ensemble des tableaux semi standards de forme λ et l'union des tableaux quasi standards de forme plus petite que λ.

$$SS^\lambda \longleftrightarrow \sqcup_{\mu \leq \lambda} QS^\mu.$$

D'autre part, on ordonne les tableaux de Young en disant que $T < S$ si $form(T) \leq form(S)$ et $form(T) \neq form(S)$ ou si $form(T) = form(S)$, mais qu'en lisant T et S colonne par colonne, de droite à gauche et de bas en haut, le premier couple d'entrées différentes vérifie $s_{i,j} < t_{i,j}$.

Soit toujours T un tableau non quasi standard en s et quasi standard en tout $t > s$, de forme λ. Si la colonne numéro ℓ de T a une hauteur supérieure ou égale à s, et si $\partial^\ell T$ est le tableau obtenu en permutant les s premières cases des colonnes numéro 1 et ℓ de T, on vérifie qu'en appliquant la relation de Plücker succesivement sur les colonnes numéros $i, i+1, 1 \leq i < \ell$, on obtient une relation

$$T = \partial^\ell T + \sum_j S_j,$$

où $S_j < T$ pour tout j (bien sûr $\partial^\ell T > T$). Lorsque la hauteur de la colonne numéro ℓ est s, on obtient une colonne triviale qui disparaît dans le quotient $\mathbb{S}^\bullet_{red}$. On appelle $(\partial^\ell T)'$ le tableau dans lequel on supprime cette colonne. On a $(\partial^\ell T)' < T$. On montre donc par récurrence que $\sqcup_{\mu \leq \lambda} QS^\mu$ est un système générateur de $\mathbb{S}^\lambda_{\mathfrak{n}^+}$ dans $\mathbb{S}^\bullet_{red}$.

Comme ce système de générateurs a pour cardinal la dimension de ce module, on a prouvé :

Théorème 3.2.3. ([ABW])

L'ensemble $QS^\bullet$ des tableaux quasi standards forme une base de $\mathbb{S}^\bullet_{red}$, qui décrit la stratification de ce $\mathfrak{n}^+$-module indécomposable.

La réunion $\sqcup_{\mu \leq \lambda} QS^\mu$ forme une base de $\mathbb{S}^\lambda_{\mathfrak{n}^+}$.

3.3   Tableaux de Young semi standards symplectiques

Cette section est consacrée à rappeler la définition des tableaux de Young semi standards symplectiques. Cette notion a été développée en 1979 par C. De Concini (voir [DeC]). En 1994, une autre description combinatoire des bases cristallines symplectiques, en termes de tableaux semi standards symplectiques, a été présentée par M. Kashiwara et T. Nakashima (voir [KN]). En réalité, ces deux constructions sont équivalentes, une bijection explicite a été donnée par J. T. Sheats ([Sh]). Dans la suite, nous allons adapter la version des tableau semi standards symplectiques de De Concini en se référant au travail de J. T. Sheats.

Rappelons aussi que R.G. Donnelly a donné une construction explicite de l'action des éléments de $\mathfrak{sp}(2n)$ sur les bases de De Concini et de Kashiwara-Nakashima pour les représentations fondamentales $\mathbb{S}^{\langle \omega_k \rangle}$ ([D]).

3.3.1   Modules fondamentaux et colonnes symplectiques

Utilisant l'ordre $1 < 2 < \cdots < n < \bar{n} < \cdots < \bar{1}$, on équipe $\mathbb{C}^{2n}$ de la base $(e_1, \ldots, e_n, e_{\bar{n}}, \ldots, e_{\bar{1}})$ et de la forme symplectique

$$\Omega = \sum e_i^\star \wedge e_{\bar{i}}^\star.$$

Le groupe de Lie symplectique $SP(2n)$ est le groupe des matrices complexes $2n \times 2n$ laissant Ω invariante. Son algèbre de Lie $\mathfrak{sp}(2n)$ est simple de type C_n, c'est l'espace des matrices :

$$X = \begin{pmatrix} A & B \\ C & D \end{pmatrix}, \quad A,\ B,\ C,\ D \in Mat(n,n), \quad D = -^sA, B =^s B, C =^s C$$

où ^{s} est la symétrie par rapport à la deuxième diagonale.

Une sous algèbre de Cartan $\mathfrak{h}$ de $\mathfrak{sp}(2n)$ est la sous algèbre des matrices diagonales $H = diag(\kappa_1, \ldots, \kappa_n, -\kappa_n, \ldots, -\kappa_1)$. On pose $\theta_j(H) = \kappa_j$ et on choisit le système de racines simples suivant :

$$\Delta = \{\alpha_i = \theta_i - \theta_{i+1}, \quad i = 1, 2, \ldots, n-1, \quad \alpha_n = 2\theta_n\}.$$

Remrquons que notre choix de racines simples est tel que, pour $\mathfrak{sp}(2n)$, la sous algèbre $\mathfrak{n}^+ = \sum_{\alpha > 0} \mathfrak{g}^\alpha$ est l'espace des matrices de $\mathfrak{sp}(2n)$ qui sont strictement triangulaires supérieures. On note N^+ le sous groupe analytique de $SP(2n)$ correspondant.

L'ensemble Λ des poids entiers dominants est isomorphe à $\mathbb{N}^n$, en effet, λ est entier dominant si et seulement si $\lambda = \sum_{k=1}^{n} a_k \omega_k$, où les a_k sont des entiers positifs ou nuls, et $\omega_k = \theta_1 + \cdots + \theta_k$ sont les poids fondamentaux de $\mathfrak{sp}(2n)$. Etudions d'abord ces modules fondamentaux.

Théorème 3.3.1. ([FH])

Si $k \geq 2$, considérons la fonction de contraction naturelle φ_k définie par :

$$\varphi_k(v_1 \wedge \cdots \wedge v_k) = \sum_{i<j} \Omega(v_i, v_j)(-1)^{i+j-1} v_1 \wedge \cdots \wedge \widehat{v_i} \wedge \cdots \wedge \widehat{v_j} \wedge \cdots \wedge v_k.$$

Le noyau de φ_k est un sous $\mathfrak{sp}(2n)$ module de $\wedge^k \mathbb{C}^{2n}$ isomorphe au module fondamental $\mathbb{S}^{\langle \omega_k \rangle}$ de $\mathfrak{sp}(2n)$ de plus haut poids ω_k.

Les $\mathfrak{sp}(2n)$ modules irréductibles fondamentaux $\mathbb{S}^{\langle \omega_k \rangle}$ sont ainsi réalisés dans des sous espaces des $\mathfrak{sl}(2n)$ modules fondamentaux $\mathbb{S}^{\omega_k}$, pour $k = 1, \ldots, n$.

Tout $\mathfrak{sp}(2n)$ module simple $\mathbb{S}^{\langle \lambda \rangle}$ est le sous module du produit tensoriel

$$Sym^{a_1}(\mathbb{S}^{\langle \omega_1 \rangle}) \otimes Sym^{a_2}(\mathbb{S}^{\langle \omega_2 \rangle}) \otimes \cdots \otimes Sym^{a_n}(\mathbb{S}^{\langle \omega_n \rangle})$$

engendré par le vecteur de plus haut poids.

Comme pour $SL(2n)$, considérons les fonctions 'colonnes' suivantes définies sur $SP(2n)$:

$$\delta_{i_1, \ldots, i_k}^{(k)}(g) = \langle e_{i_1}^\star \wedge \cdots \wedge e_{i_k}^\star, ge_1 \wedge \cdots \wedge ge_k \rangle \quad (k \leq n, \quad g \in SP(2n)).$$

Ces fonctions ne sont pas indépendantes. Par exemple, si $A, D \subset \{1, \ldots, n\}$, si $A = \{p_1 < p_2 < \cdots < p_s\}$, $D = \{q_1 < \cdots < q_t\}$, on pose

$$e_{A\overline{D}}^{(\star)} = e_{p_1}^{(\star)} \wedge \cdots \wedge e_{p_s}^{(\star)} \wedge e_{\overline{q_t}}^{(\star)} \wedge \cdots \wedge e_{\overline{q_1}}^{(\star)}.$$

Si $k = t + s + 2 \leq n$, on a

$$\langle e_{A\overline{D}}^\star \wedge \Omega, ge_{\{1,\ldots,k\}} \rangle = \sum_{i=1}^{n} \pm \langle e_{A\cup\{i\}\overline{D\cup\{i\}}}^\star, ge_{\{1,\ldots,k\}} \rangle$$
$$= \langle {}^t g e_{A\overline{D}}^\star \wedge \Omega, e_{\{1\ldots k\}} \rangle = 0.$$

Du théorème précédent, on déduit que ce sont les seules relations homogènes de degré 1 entre ces fonctions. On appellera ces relations les relations de Plücker internes de $\mathfrak{sp}(2n)$.

Définition 3.3.1.

Soit $A, D \subset \{1, \ldots, n\}$ tels que $k = \sharp A + \sharp D \leq n$. Posons

$$
\begin{array}{c}
A \\
\hline
\overline{D}
\end{array}
=
\begin{array}{|c|}
\hline
p_1 \\
\hline
\vdots \\
\hline
p_s \\
\hline
\overline{q_t} \\
\hline
\vdots \\
\hline
\overline{q_1} \\
\hline
\end{array}
= \delta^{(k)}_{p_1, \ldots, p_s, \overline{q_t}, \ldots, \overline{q_1}}
$$

si $A = \{p_1 < p_2 < \cdots < p_s\}$, $D = \{q_1 < \cdots < q_t\}$. Posons $I = A \cap D = \{i_1, \ldots, i_r\}$.

On dit que la colonne est une colonne semi standard symplectique si $\{1, \ldots, n\} \backslash A \cup D$ contient au moins un élément $j > i_r$, deux éléments $j, j' > i_{r-1}$, etc...

On montre ([DeC]) que les colonnes semi standards symplectiques forment une base du module fondamental $\mathbb{S}^{\langle \omega_k \rangle}$.

On considère maintenant une colonne semi standard symplectique $\dfrac{A}{\overline{D}}$. On note $I = A \cap D$, $J = \{j_1, \ldots, j_r\}$ la plus petite partie, pour l'ordre lexicographique, de $\{1, \ldots, n\} \backslash A \cup D$ telle que $\# J = \# I$, $i_1 < j_1, \ldots, i_r < j_r$. On pose (*dble* se lit 'double') :

$$
C = (D \backslash I) \cup J, \quad B = (A \backslash I) \cup J, \quad dble\left(\frac{A}{\overline{D}}\right) = \begin{array}{cc} A & B \\ \overline{C} & \overline{D} \end{array}.
$$

Alors $dble\left(\dfrac{A}{\overline{D}}\right)$ est un tableau de Young semi standard pour l'ordre choisi sur les indices : $1 < 2 < \cdots < n < \overline{n} < \cdots < \overline{1}$.

Exemple 3.3.1. Supposons $n = 4$, pour $\mathfrak{sp}(8)$, une colonne semi standard symplectique et son double est

$$
\begin{array}{c}
A \\
\hline
\overline{D}
\end{array}
=
\begin{array}{|c|}
\hline
1 \\
\hline
2 \\
\hline
\overline{1} \\
\hline
\end{array},
\quad
dble\left(\frac{A}{\overline{D}}\right) = \begin{array}{cc} A & B \\ \overline{C} & \overline{D} \end{array} =
\begin{array}{|c|c|}
\hline
1 & 2 \\
\hline
2 & 3 \\
\hline
3 & \overline{1} \\
\hline
\end{array}.
$$

3.3.2   Modules simples et tableaux semi standards symplectiques

Soit $\lambda = \sum a_k \omega_k$ un poids entier dominant. Le module simple correspondant $\mathbb{S}^{\langle \lambda \rangle}$ est le sous module engendré par 'le' vecteur de poids λ dans

$$
Sym^{a_1}(\mathbb{S}^{\langle \omega_1 \rangle}) \otimes \cdots \otimes Sym^{a_n}(\mathbb{S}^{\langle \omega_n \rangle}).
$$

Il est donc engendré par les tableaux de Young de forme

$$
\lambda = (a_1, \ldots, a_n, 0, \ldots, 0)
$$

dont toutes les colonnes sont semi standards symplectiques. Une base de $\mathbb{S}^{\langle \lambda \rangle}$ a été déterminée par G. de Concini ([DeC]).

Définition 3.3.2.

Soit T un tableau de forme λ dont toutes les colonnes sont semi standards symplectiques. Le tableau $dble(T)$ est le tableau obtenu en juxtaposant les doubles des colonnes de T.

On dit que T est un tableau semi standard symplectique (ou semi standard pour $\mathfrak{sp}(2n)$) si $dble(T)$ est un tableau semi standard (pour $\mathfrak{sl}(2n)$).

Alors

Théorème 3.3.2. ([DeC])

L'ensemble $SS^{\langle\lambda\rangle}$ des tableaux de Young semi standards symplectiques de forme λ est une base du $\mathfrak{sp}(2n)$ module simple $\mathbb{S}^{\langle\lambda\rangle}$.

Exemple 3.3.2.

Pour $n = 3$ (cas de $\mathfrak{sp}(6)$), et $\lambda = \omega_2 + \omega_3$, le tableau suivant est semi standard symplectique :

$$
\begin{array}{|c|c|}
\hline
1 & 2 \\
\hline
2 & \bar{2} \\
\cline{1-1}
\bar{2} \\
\cline{1-1}
\end{array}
\quad \text{en effet} \quad dble\ (T) =
\begin{array}{|c|c|c|c|}
\hline
1 & 2 & 2 & 3 \\
\hline
2 & 3 & \bar{3} & \bar{2} \\
\cline{1-2}
\bar{3} & \bar{2} \\
\cline{1-2}
\end{array}.
$$

3.4 Algèbre de forme et algèbre de forme réduite

Considérons la somme de tous les $\mathfrak{sp}(2n)$ modules simples :

$$
\mathbb{S}^{\langle\bullet\rangle} = \bigoplus_{\lambda \in \Lambda} \mathbb{S}^{\langle\lambda\rangle}.
$$

L'ensemble $SS^{\langle\bullet\rangle}$ de tous les tableaux semi standards symplectiques est donc une base de ce module.

Comme pour toute algèbre de Lie semi simple, cette somme peut être munie d'une multiplication qui en fait une algèbre commutative. Pour $\mathfrak{sp}(2n)$, on peut réaliser cette structure explicitement, exactement comme pour $\mathfrak{sl}(2n)$.

Notons $\mathbb{C}[SP(2n)]^{N^+}$ l'espace des fonctions polynomiales sur $SP(2n)$ qui sont invariantes par multiplications à droite par les matrices de N^+. C'est un $SP(2n)$ module pour l'action à gauche :

$$
(g.f)(g_1) = f(^t g g_1) \qquad (g,\ g_1 \in SP(2n),\ f \in \mathbb{C}[SP(2n)]^{N^+}).
$$

Comme c'est aussi une somme de modules de dimension finie, il se décompose en somme de modules irréductibles $\mathbb{S}^{\langle\lambda\rangle}$. Ses vecteurs de poids dominant f^λ sont des fonctions polynomiales invariantes sous la multiplication à droite par N^+ et à gauche par $^t N^+$. Par la méthode du pivot de Gauss, ces fonctions sont caractérisées par leur valeur sur les matrices diagonales de $SP(2n)$:

$$f^\lambda(g) = f^\lambda\left(diag(\delta_1^{(1)}(g), \ldots, \frac{\delta_{1\ldots n}^{(n)}(g)}{\delta_{1\ldots(n-1)}^{(n-1)}(g)}, \frac{\delta_{1\ldots(n-1)}^{(n-1)}(g)}{\delta_{1\ldots n}^{(n)}(g)}, \ldots, \frac{1}{\delta_1^{(1)}(g)})\right)$$

$$= \sum_{p_j \in \mathbb{Z}} c_{p_1,\ldots,p_n} \left(\delta_1^{(1)}(g)\right)^{p_1} \cdots \left(\frac{\delta_{1\ldots(n-1)}^{(n-1)}(g)}{\delta_{1\ldots n}^{(n)}(g)}\right)^{p_n}$$

(la dernière somme est finie). En faisant agir $\mathfrak{h}$ sur cette fonction, on voit que la somme ne contient qu'un terme et que

$$\lambda = (p_1 - p_2)\omega_1 + (p_2 - p_3)\omega_2 + \cdots + (p_{n-1} - p_n)\omega_{n-1} + p_n\omega_n.$$

Comme λ est dominant entier, les p_k sont entiers et vérifient $p_1 \geq p_2 \geq \cdots \geq p_n \geq 0$. Pour chaque λ de Λ, l'espace des fonctions f^λ est de dimension 1, ou :

$$\mathbb{C}[SP(2n)]^{N^+} \simeq \bigoplus_{\lambda \in \Lambda} \mathbb{S}^{\langle\lambda\rangle} = \mathbb{S}^{\langle\bullet\rangle}.$$

Cette identification fait de $\mathbb{S}^{\langle\bullet\rangle}$ une algèbre commutative.

Définition 3.4.1.
    On appelle algèbre de forme de $\mathfrak{sp}(2n)$ l'algèbre $\mathbb{S}^{\langle\bullet\rangle}$ munie de la multiplication définie ci-dessus.

    Grâce aux résultats précédents, on a :

Propriétés 3.4.1.
    L'algèbre de forme $\mathbb{S}^{\langle\bullet\rangle}$ de $\mathfrak{sp}(2n)$ est le quotient de la sous algèbre $\mathbb{S}_{(n)}^\bullet = \oplus_{\lambda=(a_1,\ldots,a_n,0,\ldots,0)}\mathbb{S}^\lambda$ de l'algèbre de forme de $\mathfrak{sl}(2n)$ par l'idéal $J^{\langle\bullet\rangle}$ engendré par les relations de Plücker internes.

    On peut donc écrire :

$$\mathbb{S}^{\langle\bullet\rangle} \simeq \mathbb{C}[SP(2n)]^{N^+} \simeq \mathbb{C}[\delta_{i_1,\ldots,i_r}^{(r)}, \quad r \leq n]/\mathcal{PL}$$

où $\mathcal{PL}$ est l'idéal des relations de Plücker externes sur les couples de colonnes de hauteur $\leq n$ (relations homogénes de degrée deux) et des relations de Plücker internes (homogènes de degré un).

    Comme pour $SL(n)$, en restreignant les fonctions $\delta_{i_1,\ldots,i_r}^{(r)}$ $(r \leq n)$ à $N^- =^t N^+$, on définit l'algèbre forme réduite pour $\mathfrak{sp}(2n)$.

Définition 3.4.2.
    On appelle algèbre de forme réduite de $\mathfrak{sp}(2n)$ et on note $\mathbb{S}_{red}^{\langle\bullet\rangle}$ le quotient :

$$\mathbb{S}_{red}^{\langle\bullet\rangle} = \mathbb{S}^{\langle\bullet\rangle}/ < \delta_{1,\ldots,k}^{(k)} - 1 >, \quad k = 1, 2, \ldots, n.$$

Théorème 3.4.1.

i) $\mathbb{S}_{red}^{\langle\bullet\rangle}$ est un $\mathbf{n}^+$ module indécomposable.

ii) $\mathbb{S}_{red}^{\langle\bullet\rangle}$ est l'union des $\mathbb{S}_{\mathbf{n}^+}^{\langle\lambda\rangle}$, stratifiée par :

$$\mu \leq \lambda \iff \mathbb{S}_{\mathbf{n}^+}^{\langle\mu\rangle} \subset \mathbb{S}_{\mathbf{n}^+}^{\langle\lambda\rangle}.$$

iii) Tout $\mathbf{n}^+$ module monogène localement nilpotent est un quotient d'un des $\mathbb{S}_{\mathbf{n}^+}^{\langle\lambda\rangle}$.

iv) On a $\mathbb{S}_{red}^{\langle\bullet\rangle} = \mathbb{S}_{(n)\ red}^{\bullet} \big/ J^{\langle\bullet\rangle}$ où

$$\mathbb{S}_{(n)\ red}^{\bullet} = \bigoplus_{\lambda=(\lambda_1,\ldots,\lambda_n,0,\ldots,0)} \mathbb{S}^{\lambda} \big/ < \delta_{1,\ldots,k}^{(k)} - 1,\ \ k \leq n > .$$

Preuve :

Les preuves de i), ii) et iii) sont identiques à celles de [ABW] pour le cas de $\mathfrak{sl}(n)$.

iv) Le diagramme suivant

$$\phi$$

$$\mathbb{S}_{(n)}^{\bullet} \qquad\longrightarrow\qquad \mathbb{S}^{\langle\bullet\rangle} = \mathbb{S}_{(n)}^{\bullet} \big/ J^{\langle\bullet\rangle}$$

$$\pi_1 \downarrow \qquad\qquad\qquad\qquad \downarrow \pi$$

$$\phi_1$$

$$\mathbb{S}_{(n)\ red}^{\bullet} = \mathbb{S}_{(n)}^{\bullet}\big/_{<\delta_{1,\ldots,k}^{(k)}-1,\ \ k\leq n>} \quad\longrightarrow\quad \mathbb{S}_{red}^{\langle\bullet\rangle} = \mathbb{S}^{\langle\bullet\rangle}\big/_{<\delta_{1,\ldots,k}^{(k)}-1,\ \ k\leq n>}$$

$$\simeq \mathbb{S}_{red}^{\bullet}\big/_{J^{\langle\bullet\rangle}}$$

est commutatif c'est à dire $\pi \circ \phi = \phi_1 \circ \pi_1$. On a donc bien $\mathbb{S}_{red}^{\langle\bullet\rangle} = \mathbb{S}_{(n)\ red}^{\bullet}\big/_{J^{\langle\bullet\rangle}}$.

$\square$

3.5   Tableaux de Young quasi standards symplectiques

A partir de maintenant, on notera aussi $f(A, D)$ la colonne semi standard symplec-

tique $\dfrac{A}{\overline{D}}$. Rappellons nos notations $I = A \cap D$, J est la plus petite partie 'à droite de

I' dans le complémentaire de $A \cup D$ et $B = (A \setminus I) \cup J$, $C = (D \setminus I) \cup J$.

Inversement, si B et C sont connus, on peut retrouver I, J, A et D. En effet on a alors $J = B \cap C$ et I est la plus grande partie à gauche de J dans le complémentaire de $B \cup C$, ayant le même nombre d'éléments que J.

Soit donc B et C deux parties de $\{1, \ldots, n\}$. Posons $J = B \cap C = \{j_1 < \cdots < j_r\}$ et définissons I comme la plus grande partie $\{i_1 < i_2 < \cdots < i_r\}$, pour l'ordre lexicographique, de $\mathbb{Z} \setminus (B \cup C)$ telle que $i_k < j_k$ pour tout k. On pose enfin :

$$A = (B \setminus J) \cup I, \quad D = (C \setminus J) \cup I \quad \text{et} \quad g(B, C) = f(A, D) = \dfrac{A}{\overline{D}}.$$

Définition 3.5.1.
Soit T un tableau de Young semi standard symplectique. Nous dirons que T est quasi standard symplectique si $dble(T)$ est quasi standard (pour $\mathfrak{sl}(2n)$).

Notons $SS^{\langle\lambda\rangle}$ l'ensemble des tabeaux semi standards symplectiques de forme $\lambda = (a_1, a_2, \ldots, a_n)$ ayant a_1 colonnes de hauteur 1, ..., a_n colonnes de hauteur n. De même, notons $QS^{\langle\lambda\rangle}$ l'ensemble des tableaux quasi standards symplectiques de forme λ et $NQS^{\langle\lambda\rangle}$ l'ensemble des tableaux semi standards non quasi standards symplectiques de forme λ.

Remrquons qu'un tableau de Young T peut être quasi standard pour $\mathfrak{sl}(2n)$ sans que son double le soit. En voici un exemple

$$T = \begin{array}{|c|c|} \hline 1 & 2 \\ \hline 2 & \overline{2} \\ \hline \overline{2} & \\ \cline{1-1} \end{array} \implies dble(T) = \begin{array}{|c|c|c|c|} \hline 1 & 1 & 2 & 3 \\ \hline 2 & 3 & \overline{3} & \overline{2} \\ \hline \overline{3} & \overline{2} & & \\ \cline{1-2} \end{array}$$

T est quasi standard mais $dble(T)$ ne l'est pas.

On dira qu'un tableau T semi standard symplectique est poussable en s, et on notera $T \in NQS_s$ si $dble(T) = (t_{i,j})$ a la propriété $t_{s,j+1} < t_{s+1,j}$, pour tout j pour lesquels ces deux entrées existent. On remrque d'abord que chaque colonne de T, élément de NQS_s se décompose.

Lemme 3.5.1.

Soit T un tableau de NQS_s, $c = \begin{array}{c} A \\ \hline \overline{D} \end{array}$ une colonne de T et $dble(c) = \begin{array}{cc} A & B \\ \hline \overline{C} & \overline{D} \end{array}$ son

double. Supposons $s \leq \#A$. Soit α un nombre entier tel que $b_s \leq \alpha < a_{s+1}$ (si $s = \#A$, on choisit $\alpha \geq b_s$ seulement). Pour toute partie X de $[1,n]$, on pose $X^{\leq \alpha} = X \cap [1,\alpha]$ et $X^{>\alpha} = X \cap]\alpha, n]$. Alors

1. La colonne $\begin{array}{c} A^{\leq \alpha} \\ \hline \overline{D}^{\leq \alpha} \end{array}$ est semi standard pour $\mathfrak{sp}(2\alpha)$ et son double est $\begin{array}{cc} A^{\leq \alpha} & B^{\leq \alpha} \\ \hline \overline{C}^{\leq \alpha} & \overline{D}^{\leq \alpha} \end{array}$.

2. La colonne $\begin{array}{c} A^{>\alpha} \\ \hline \overline{D}^{>\alpha} \end{array}$, indexée par $[\alpha + 1, n] \cup [\overline{n}, \overline{\alpha + 1}]$, est semi standard pour

$\mathfrak{sp}(2(n - \alpha)) = \mathfrak{sp}(2]\alpha, n])$ et son double est $\begin{array}{cc} A^{>\alpha} & B^{>\alpha} \\ \hline \overline{C}^{>\alpha} & \overline{D}^{>\alpha} \end{array}$.

Preuve

Par hypothèse, $b_s \leq \alpha < a_{s+1}$ ($b_s \leq \alpha$ si $s = \#A$) et $I^{\leq \alpha} = A^{\leq \alpha} \cap D^{\leq \alpha}$, donc les éléments $j_1, \ldots, j_r$ qui sont dans le complémentaire de $(A \cup D)$ et dans $[1, \alpha]$ comprennent les éléments de $J \cap ([1, \alpha] \setminus (A^{\leq \alpha} \cup D^{\leq \alpha})$, donc il y en a suffisamment pour que la colonne

$\begin{array}{c} A^{\leq \alpha} \\ \hline \overline{D}^{\leq \alpha} \end{array}$ soit semi standard pour $\mathfrak{sp}(2\alpha)$. Par construction, $J^{\leq \alpha}$ est la plus petite partie

de $[1, \alpha] \setminus (A^{\leq \alpha} \cup D^{\leq \alpha})$, de cardinal $\#I^{\leq \alpha}$ et qui contienne 1 élément plus grand que le premier élément de $I^{\leq \alpha}$, un deuxième élément plus grand que le deuxième élément de $I^{\leq \alpha}$, etc ..., donc

$$dble(\begin{array}{c} A^{\leq \alpha} \\ \hline \overline{D}^{\leq \alpha} \end{array}) = \begin{array}{cc} A^{\leq \alpha} & B^{\leq \alpha} \\ \hline \overline{C}^{\leq \alpha} & \overline{D}^{\leq \alpha} \end{array} .$$

On en déduit que si $I^{>\alpha} = I \setminus I^{\leq \alpha}$ et $J^{>\alpha} = J \setminus J^{\leq \alpha}$, alors $J^{>\alpha}$ a le même cardinal que $I^{>\alpha}$, chaque élément de $I^{>\alpha}$ est majoré par un élément de $J^{>\alpha}$ et $J^{>\alpha}$ est la plus petite partie de $[\alpha + 1, n] \setminus A^{>\alpha} \cup B^{>\alpha}$ ayant cette propriété. Ceci achève la preuve du lemme.

$\square$

On notera une telle colonne

$$c = f^{\leq\alpha}(A^{\leq\alpha}, D^{\leq\alpha}) \uplus f^{>\alpha}(A^{>\alpha}, D^{>\alpha}) = \begin{array}{c} A^{\leq\alpha} \\ \overline{\overline{}} \\ A^{>\alpha} \\ \\ \overline{D}^{>\alpha} \\ \\ \overline{D}^{\leq\alpha} \end{array} \quad .$$

On notera aussi :

$$c = g^{\leq\alpha}(B^{\leq\alpha}, C^{\leq\alpha}) \uplus g^{>\alpha}(B^{>\alpha}, C^{>\alpha}),$$

$$dble(c) = \begin{array}{cc} A^{\leq\alpha} & B^{\leq\alpha} \\ \overline{\overline{}} \\ A^{>\alpha} & B^{>\alpha} \\ \\ \overline{C}^{>\alpha} & \overline{D}^{>\alpha} \\ \\ \overline{C}^{\leq\alpha} & \overline{D}^{\leq\alpha} \end{array} \quad .$$

De même, si c est une colonne de hauteur k qui n'est pas quasi standard en s et $s > \#A$, alors $k - s + 1 = \#A + \#D - s + 1 \leq \#D$. On choisit α tel que $c_{k-s} < \alpha \leq d_{k-s+1}$, la colonne $f^{<\alpha}(A^{<\alpha}, D^{<\alpha})$ est semi standard pour $\mathfrak{sp}(2(\alpha-1))$, et la colonne $f^{\geq\alpha}(A^{\geq\alpha}, D^{\geq\alpha})$ est semi standard pour $\mathfrak{sp}(2(n - \alpha + 1))$, indexée par $[\alpha, n]$. Le double de ces colonnes est comme ci-dessus. On notera la colonne c :

$$c = f^{<\alpha}(A^{<\alpha}, D^{<\alpha}) \uplus f^{\geq\alpha}(A^{\geq\alpha}, D^{\geq\alpha}) = \begin{array}{c} A^{<\alpha} \\ \\ A^{\geq\alpha} \\ \\ \overline{D}^{\geq\alpha} \\ \overline{\overline{}} \\ \overline{D}^{<\alpha} \end{array} \quad .$$

On notera aussi :

$$c = g^{<\alpha}(B^{<\alpha}, C^{<\alpha}) \uplus g^{\geq\alpha}(B^{\geq\alpha}, C^{\geq\alpha}),$$

$$dble(c) = \begin{array}{cc} A^{<\alpha} & B^{<\alpha} \\[4pt] A^{\geq\alpha} & B^{\geq\alpha} \\[4pt] \overline{C}^{\geq\alpha} & \overline{D}^{\geq\alpha} \\ \hline\hline \overline{C}^{<\alpha} & \overline{D}^{<\alpha} \end{array} \quad .$$

Lemme 3.5.2.

Avec les hypothèses du lemme précédent, on pose $A' = A \backslash \{a_s\}$ et $f(A', D) = g(B', C')$ (dans $\mathfrak{sp}(2n)$). Alors

$$b_s \notin A' \cup B' \cup C' \cup D.$$

Ou

$$f(A', D) = f^{<b_s}(A'^{<b_s}, D^{<b_s}) \uplus f^{>b_s}(A^{>b_s}, D^{>b_s})$$
$$= g^{<b_s}(B'^{<b_s}, C'^{<b_s}) \uplus g^{>b_s}(B^{>b_s}, C^{>b_s}).$$

Preuve

Cas 1 $a_s = b_s$

Comme $f^{\leq b_s}(A^{\leq b_s}, D^{\leq b_s})$ est une colonne symplectique, alors a_s n'appartient pas à $I^{\leq b_s}$. Donc $I^{<b_s} = I^{\leq b_s} = I'^{\leq b_s}$ et $J^{<b_s} = J^{\leq b_s} = J'^{\leq b_s}$. Par suite b_s n'appartient pas à $B'^{\leq b_s}$, $b_s \notin B'$, on a $b_s \notin A' \cup D$ et $b_s \notin C'$.

Cas 2 $a_s < b_s$

Cela veut dire $b_s \in J^{\leq b_s}$, plus précisément

$$I^{\leq b_s} = \{a_{t_1} < \cdots < a_{t_r}\} \quad \text{et} \quad J^{\leq b_s} = \{b_{u_1} < \cdots < b_{u_r} = b_s\}.$$

On a deux sous-cas : • Si $t_r = s$, en enlevant $a_{t_r} = a_s$ de A, on enlève a_s de $I^{\leq b_s}$: $I'^{\leq b_s} = I^{\leq b_s} \backslash \{a_s\}$ et donc b_s de $J'^{\leq b_s}$, c'est à dire $b_s \notin A' \cup B' \cup C' \cup D$.

• Si $t_r < s$, alors par construction, $a_s \notin I^{\leq b_s}$, en supprimant a_s pour construire A', on a $a_s \in [1, b_s] \backslash (A' \cup D)$ et donc $J^{\leq b_s}$ devient $J'^{\leq b_s} = \{b_{u_1}, \ldots, b_{u_{r-1}}, a_s\}$ (l'ordre n'est peut être pas préservé). Donc $b_s \notin A' \cup B' \cup C' \cup D$.

Finalement puisque $f^{>b_s}(A^{>b_s}, D^{>b_s}) = g^{>b_s}(B^{>b_s}, C^{>b_s})$ et que b_s n'appartient pas à D, on a $A^{<a_s} = A'^{<b_s}$ et la dernière relation :

$$f(A', D) = f^{<b_s}(A'^{<b_s}, D^{<b_s}) \uplus f^{>b_s}(A^{>b_s}, D^{>b_s})$$
$$= g^{<b_s}(B'^{<b_s}, C'^{<b_s}) \uplus g^{>b_s}(B^{>b_s}, C^{>b_s})$$
$$= g(B', C').$$

$\square$

Si $s > \#A$, posons $t = k - s + 1 = \#A + \#D - s + 1$, alors

$$f(A, D) = g(B, C) = g^{<d_t}(B^{<d_t}, C^{<d_t}) \uplus g^{\geq d_t}(B^{\geq d_t}, C^{\geq d_t}),$$

si $C' = C \setminus \{c_t\}$, et $g(B, C') = f(A', D')$, alors d_t n'appartient pas à $B \cup C' \cup A' \cup D'$, $C'^{>d_t} = C'^{>d_t}$ et

$$g(B, C') = g^{<d_t}(B^{<d_t}, C^{<d_t}) \uplus g^{>d_t}(B^{>d_t}, C'^{>d_t})$$
$$= f^{<d_t}(A^{<d_t}, D^{<d_t}) \uplus f^{>d_t}(A'^{>d_t}, D'^{>d_t}).$$

Lemme 3.5.3.

Soit $f(A', D)$ la colonne du lemme précédent. On garde les notations de ce lemme.
- Soit $u \geq b_s$, $u \notin B'^{>b_s}$, $B" = B' \cup \{u\}$ et $C" = C'$, alors :

$$g(B", C") = g^{<b_s}(B'^{<b_s}, C'^{<b_s}) \uplus g^{\geq b_s}(\{u\} \cup B^{>b_s}, C^{>b_s})$$
$$= f^{<b_s}(A^{<b_s}, D^{<b_s}) \uplus f^{\geq b_s}(A"^{\geq b_s}, D"^{\geq b_s})$$
$$= f(A", D").$$

- Supposons que $A^{>b_s} = \emptyset$. Soit $v \geq b_s$, $v \notin D^{>b_s}$ soit $A" = A'$ et $D" = D' \cup \{v\}$, alors :

$$f(A", D") = f^{<b_s}(A^{<b_s}, D^{<b_s}) \uplus f^{\geq b_s}(\emptyset, D^{>b_s} \cup \{v\})$$
$$= g^{<b_s}(B'^{<b_s}, C'^{<b_s}) \uplus g^{\geq b_s}(\emptyset, D^{>b_s} \cup \{v\})$$
$$= g(B", C").$$

- Supposons que $A^{>b_s} = D^{>b_s} = \emptyset$. Soit $v < b_s$, $v \notin D^{<b_s}$, soit $A" = A'$ et $D" = D \cup \{v\}$, alors :

$$f(A", D") = f^{\leq b_s}(A^{<b_s}, D^{<b_s} \cup \{v\})$$
$$= g^{\leq b_s}(B"^{\leq b_s}, C"^{\leq b_s})$$
$$= g(B", C").$$

Preuve

Dans le premier cas, puisque la colonne $g^{>b_s}(B^{>b_s}, C^{>b_s})$ est semi standard pour $\mathfrak{sp}(2]b_s, n])$, la colonne $g^{\geq b_s}(\{u\} \cup B^{>b_s}, C^{>b_s})$ est semi standard pour $\mathfrak{sp}(2[b_s, n])$. En effet, si $u > b_s$ l'ensemble $J'^{>b_s}$ devient $J"^{>b_s} = J'^{>b_s}$ ou $J"^{>b_s} = J'^{>b_s} \cup \{u\}$, mais dans ce dernier cas, l'ajout de l'indice b_s garantit que la colonne reste semi standard. Si $u = b_s$, alors $J"^{\geq b_s} = J^{>b_s}$ et on n'a pas besoin de l'indice b_s pour construire $I"^{\geq b_s} = I'^{>b_s}$. Ceci prouve le premier cas.

Dans le cas 2, si $v > b_s$, il n'y a rien à prouver, si $v = b_s$, on doit prendre $f^{\geq b_s}$ à la place de $f^{>b_s}$.

Dans le cas 3, $f(A", D")$ est semi standard puisqu'on ajoute, en même temps que v, un indice (b_s) après les indices de la colonne semi standard $f^{<b_s}(A^{<b_s}, D^{<b_s})$ de $\mathfrak{sp}(2[1, b_s[)$.
□

Si maintenant $s > \#A$, on pose comme plus haut $t = k - s + 1$ et on considère la colonne

$$g(B, C') = g^{<d_t}(B^{<d_t}, C^{<d_t}) \uplus g^{>d_t}(B^{>d_t}, C^{d_t}) = f(A', D').$$

Soit $v \leq d_t$, $v \notin D^{<d_t}$, et $A" = A'$, $D" = D' \cup \{v\}$ alors le même argument que le cas 1 ci dessus donne :

$$\begin{aligned} f(A", D") &= f^{<d_t}(A^{<d_t}, D^{<d_t}) \uplus f^{\geq d_t}(A'^{>d_t}, D'^{>d_t} \cup \{v\}) \\ &= f^{\leq d_t}(A"^{\leq d_t}, D"^{\leq d_t}) \uplus f^{>d_t}(A'^{>d_t}, D'^{>d_t}) \\ &= g^{\leq d_t}(B"^{\leq d_t}, C"^{\leq d_t}) \uplus g^{>d_t}(B'^{>d_t}, C'^{>d_t}) \\ &= g(B", C"). \end{aligned}$$

Exemple 3.5.4.

On considère le tableau dans $\mathfrak{sp}(18)$:

On note $c = \dfrac{A}{\overline{D}}$ la première colonne de T, alors

Avec les notations des lemmes précédents, on a : $s = 3 < \#A$ et $b_s = \alpha = 6 < a_{s+1}$.

La colonne $\dfrac{A^{\leq \alpha}}{\overline{D}^{\leq \alpha}} = $ est semi standard pour $\mathfrak{sp}(12)$ et $\dfrac{A^{>\alpha}}{\overline{D}^{>\alpha}} = $ est semi standard pour $\mathfrak{sp}(2 \times [7,9])$. Pour cet exemple, $A' = A \setminus \{3\}$, et $f(A', D)$ est la colonne dont le double est

$$dble(f(A', D)) = \begin{array}{|c|c|} \hline 1 & 4 \\ \hline 2 & 5 \\ \hline 7 & 7 \\ \hline 8 & 9 \\ \hline \bar{9} & \bar{8} \\ \hline \bar{5} & \bar{3} \\ \hline \bar{4} & \bar{2} \\ \hline \bar{3} & \bar{1} \\ \hline \end{array}$$

$$dble(f^{<6}(A^{<6}, D^{<6})) = \begin{array}{|c|c|} \hline 1 & 4 \\ \hline 2 & 5 \\ \hline \bar{5} & \bar{3} \\ \hline \bar{4} & \bar{2} \\ \hline \bar{3} & \bar{1} \\ \hline \end{array}, \quad dble(f^{>6}(A^{>6}, D^{>6})) = \begin{array}{|c|c|} \hline 7 & 7 \\ \hline 8 & 9 \\ \hline \bar{9} & \bar{8} \\ \hline \end{array}.$$

L'entier $b_3 = 6$ n'est ni dans

$$A^{<6} \cup B'^{<6} \cup C'^{<6} \cup D^{<6} = \{1,2\} \cup \{4,5\} \cup \{3,4,5\} \cup \{1,2,3\}$$

ni dans

$$A^{>6} \cup B^{>6} \cup C^{>6} \cup D^{>6} = \{7,8\} \cup \{7,9\} \cup \{9\} \cup \{8\}.$$

Le but de cet article est de montrer que l'ensemble des tableaux quasi standards symplectiques forme une base de l'algèbre de forme réduite qui respecte sa structure de $\mathfrak{n}^+$ module indécomposable. Nous rappelons d'abord le jeu de taquin symplectique défini par J. T. Sheats dans [Sh].

3.5.1   Jeu de taquin symplectique

Rappelons maintenant la définition du jeu de taquin symplectique de J. T. Sheats [Sh].

Soit $T \setminus S$ un tableau de Young tordu de forme $\lambda \setminus \mu$. On définit le double de $T \setminus S$ en doublant les cases vides de S et en doublant les bas remplis des colonnes comme ci-dessus. On dit que $T \setminus S$ est semi standard si $dble(T \setminus S)$ ainsi défini est un tableau tordu semi standard. Voici un exemple :

$$T \setminus S = \begin{array}{|c|c|} \hline 1 & 2 \\ \hline 3 & 4 \\ \hline \bar{3} & \bar{2} \\ \hline \end{array} \; \begin{array}{|c|} \hline \bar{3} & \bar{1} \\ \hline \bar{2} \\ \hline \bar{1} \\ \hline \end{array}, \quad dble(T \setminus S) = \begin{array}{|c|c|c|c|} \hline 1 & 2 & 2 & 3 \\ \hline 3 & 4 & 4 & 4 \\ \hline \bar{4} & \bar{3} & \bar{3} & \bar{2} \\ \hline \bar{3} & \bar{3} & \bar{2} & \bar{1} \\ \hline \bar{2} & \bar{2} \\ \hline \bar{1} & \bar{1} \\ \hline \end{array}$$

Pour chaque colonne $c_j = f(A_j, D_j) = g(B_j, C_j)$ de $T \setminus S$, on note $\boxed{t_{ij}}$ la case i de cette colonne et dans $dble(T \setminus S)$, la colonne j devient deux colonnes. Les cases de ces colonnes sont notées $\boxed{\alpha_{ij} \mid \beta_{ij}}$.

Lorsqu'on pointe un tableau semi standard tordu $T \setminus S$ en un coin intérieur de S, par convention on double la case $\boxed{\star}$ qui devient $\boxed{\cdot \mid \cdot}$.

Le jeu de taquin symplectique consiste à partir d'un tableau semi standard tordu pointé et à déplacer la case pointée de la façon suivante : supposons que la case pointée soit en (i,j). On note les parties remplies des colonnes de T par $c_j = f(A_j, D_j) = g(B_j, C_j)$, alors

1 Si $(i, j+1)$ n'est pas une case de T ou si $\beta_{(i+1)j} \leq \alpha_{i(j+1)}$, on permute la case pointée $\boxed{\star}$ de $T \setminus S$ avec la case $\boxed{t_{i+1,j}}$ immédiatement en dessous, les autres cases restent inchangées,

2 Si $(i+1, j)$ n'est pas une case de T ou si $\beta_{(i+1)j} > \alpha_{i(j+1)}$, on déplace horizontalement la case pointée $\boxed{\star}$ suivant la règle suivante :

 (i) si $\alpha_{i,j+1}$ est non barré, on remplace la colonne c_j ainsi

$$c_j = g(B_j, C_j) \longrightarrow c'_j = g(B_j \cup \{\alpha_{i,j+1}\}, C_j)$$

(la case pointée disparaît) et la colonne c_{j+1} ainsi

$$c_{j+1} = f(A_{j+1}, D_{j+1}) \longrightarrow c'_{j+1} = f(A_{j+1} \setminus \{\alpha_{i,j+1}\}, D_{j+1})$$

et la case $\boxed{\star}$ en $(i, j+1)$, les autres colonnes sont inchangées.

 (ii) si $\alpha_{i,j+1}$ est barré, on remplace la colonne c_j ainsi

$$c_j = f(A_j, D_j) \longrightarrow c'_j = f(A_j, D_j \cup \{\alpha_{i,j+1}\})$$

(la case pointée disparaît) et la colonne c_{j+1} ainsi

$$c_{j+1} = g(B_{j+1}, C_{j+1}) \longrightarrow c'_{j+1} = g(B_{j+1}, C_{j+1} \setminus \{\alpha_{i,j+1}\})$$

et la case $\boxed{\star}$ en $(i, j+1)$, les autres colonnes sont inchangées.

3 Si ni $(i, j+1)$, ni $(i+1, j)$ n'est une case de T, le jeu s'arrête.

Exemple 3.5.5. Reprenons le tableau :

Le jeu de taquin donne successivement :

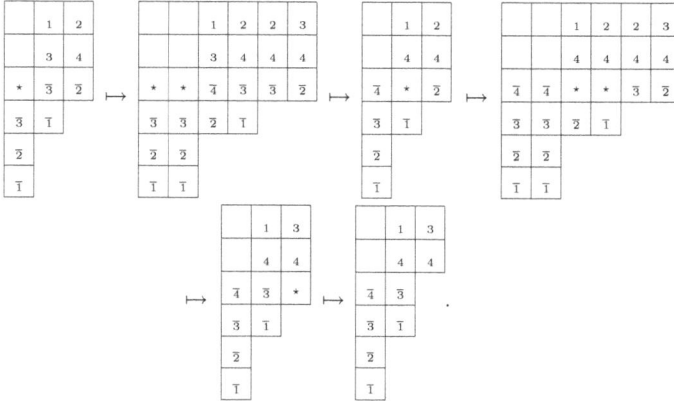

Ensuite, on peut recommencer avec le tableau obtenu :

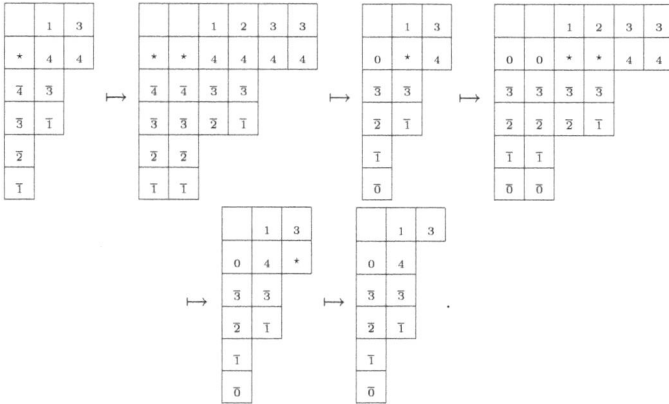

Dans cet exemple, on voit que le nombre 0 peut apparaître (cf. [Sh]). En fait J. T. Sheats a montré qu'il ne peut apparaître que dans la première colonne, et qu'elle apparaît en même temps que $\bar{0}$.

3.5.2   Jeu de taquin et tableaux non quasi standards

Appliquons le jeu de taquin à un tableau semi standard symplectique T qui n'est pas quasi standard symplectique en s, c'est à dire que T appartient à NQS_s et possède une colonne de hauteur s.

On ajoute à gauche de T une colonne triviale c_0 de hauteur n dont on vide les s premières cases (on note $T_0 \setminus S$ le tableau obtenu). On pointe le coin inférieur de S et on applique le jeu de taquin.

Propriétés 3.5.6.

Lorsqu'on applique le jeu de taquin symplectique à $T_0 \setminus S$, les étoiles se déplacent toujours horizontalement de la gauche vers la droite, l'indice 0 n'apparaît pas et le tableau obtenu a pour première colonne la colonne triviale c_0 à qui on a vidé les $s-1$ premières cases. Si $s > 1$, le tableau T' formé par les colonnes suivantes est semi standard, non quasi standard en $s-1$ et possède une colonne de hauteur $s-1$.

Preuve

Par construction, la colonne $c_0 \setminus S$ se double en $(c_0 \setminus S)(c_0 \setminus S)$, à droite de $\boxed{\star}$, il y a $\boxed{s}$ (s n'est pas barré) et au dessous $\boxed{s+1}$. Le premier pas du jeu de taquin consiste simplement à permuter les cases $\boxed{\star}$ et $\boxed{s}$ des colonnes 0 et 1. En particulier, 0 n'apparaît pas et la première colonne a la forme annoncée. La colonne $c_1 = f(A_1, D_1) = g(B_1, C_1)$ devient $c_1' = f(A_1', D_1)$, pointée en s.

Supposons qu'après un certain nombre de pas, la case pointée soit toujours sur la ligne s, dans la colonne $i+1$, on fait les hypothèses suivantes :

(H1) Les i premières colonnes de notre nouveau tableau, notées $c"_1, \ldots, c"_i$ sont de la forme $f(A"_j, D"_j) = g(B"_j, C"_j)$, le tableau $c"_1 \ldots c"_i$ est dans NQS_{s-1}.

(H2) La colonne $i+1$ est devenue c_{i+1}', elle contient une étoile à la ligne s, dans $dble(T)$, on a $t_{s-1,2(i+1)} < t_{s,2i+1}$.

Les colonnes suivantes $i+2, \ldots$ n'ont pas été modifiées, on les note c_j ($j > i+1$). On représente cette situation par le shéma suivant :

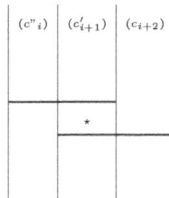

Les étoiles se déplacent vers la droite

Si $s \leq \#A_{i+2}$, dans ce cas, on a, grâce au lemme 2, la situation suivante :

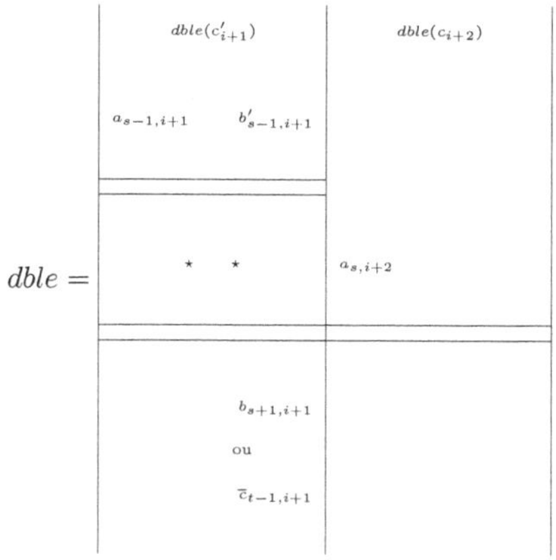

$$
dble = \begin{array}{|c c|c|}
\hline
dble(c'_{i+1}) & & dble(c_{i+2}) \\
& & \\
a_{s-1,i+1} & b'_{s-1,i+1} & \\
\hline
& & \\
* \quad * & & a_{s,i+2} \\
& & \\
\hline
& & \\
b_{s+1,i+1} & & \\
\text{ou} & & \\
\overline{c}_{t-1,i+1} & & \\
\hline
\end{array}
$$

Le déplacement suivant est horizontal.

Si $s > \#A_{i+2}$, dans ce cas, on a, grâce au lemme 2 ou à la remrque qui le suit, la situation suivante :

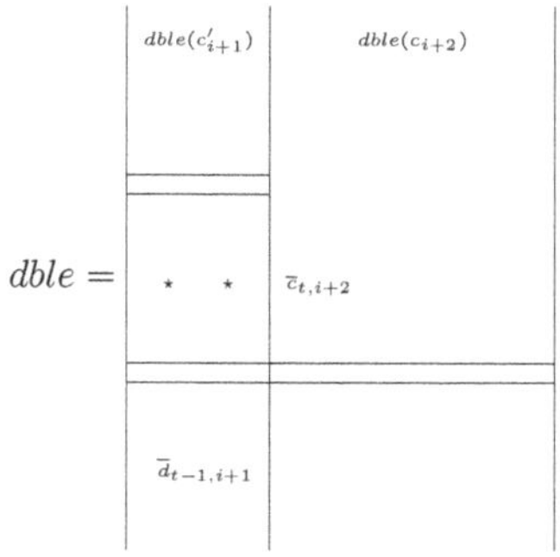

$$
dble = \begin{array}{|c|c|}
\hline
dble(c'_{i+1}) & dble(c_{i+2}) \\
\hline
& \\
* \quad * & \overline{c}_{t,i+2} \\
\hline
\overline{d}_{t-1,i+1} & \\
\hline
\end{array}
$$

Le déplacement suivant est horizontal.

Au pas suivant le tableau formé des colonnes $0, \ldots, i+1$ est dans NQS_{s-1}

Si $s \leq \#A_{i+2}$, dans ce cas, on a, grâce au lemme 3, la situation suivante :

$$dble = \begin{array}{|c|c|} \hline dble(c''_i) & dble(c'_{i+1}) \\[1em] & a_{s-1,i+1} \quad b'_{s-1,i+1}(< b_{s,i+1}) \\[0.5em] \hline a_{s,i+1} & (b_{s,i+1} \leq)a''_{s,i+1} \quad b''_{s,i+1}(= a_{s,i+2}) \\ \hline \end{array}$$

Ce qui nous donne les deux inégalités demandées $a''_{s-1,i+1} = a_{s-1,i+1} < b''_{s,i} = a_{s,i+1}$ et $b''_{s-1,i+1} = b_{s-1,i+1} < b_{s,i+1} \leq a''_{s,i+1}$.

Si $\#A_{i+2} < s \leq \#A_{i+1}$, dans ce cas, on a, grâce au lemme 3 et à la remrque qui le suit, la situation suivante :

$$dble = \begin{array}{|c|c|} \hline dble(c''_i) & dble(c'_{i+1}) \\[1em] & a_{s-1,i+1} \quad b'_{s-1,i+1}(< b_{s,i+1}) \\[0.5em] \hline a_{s,i+1} & \overline{c}''_{t,i+1} \quad \overline{d}''_{t,i+1}(= \overline{c}_{t,i+2}) \\ \hline \end{array}$$

Ce qui nous donne les deux inégalités demandées $a''_{s-1,i+1} = a_{s-1,i+1} < b''_{s,i} = a_{s,i+1}$ et $b''_{s-1,i+1} < \overline{c}''_{t,i+1}$.

Si $\#A_{i+1} < s$, dans ce cas, on a, grâce au lemme 3 et à la remrque qui le suit, les deux situations suivantes :

$$dble = \begin{array}{|c|c|} \hline dble(c''_i) & dble(c'_{i+1}) \\[1em] & a_{s-1,i+1} \quad b'_{s-1,i+1}(< b_{s,i+1}) \\[0.5em] \hline \overline{c}_{t,i+1} & \overline{c}''_{t,i+1} \quad \overline{d}''_{t,i+1}(= \overline{c}_{t,i+2}) \\ \hline \end{array}$$

Ce qui nous donne les deux inégalités demandées $a''_{s-1,i+1} < \overline{c}''_{t,i}$ et $b''_{s-1,i+1} < \overline{c}''_{t,i+1}$.

Ou bien

$$dble = \begin{array}{|c|c|c|}
\hline
dble(c''_i) & dble(c'_{i+1}) & \\
 & & \\
 & \bar{c}''_{t+1,i+1} \quad \bar{d}''_{t+1,i+1}(<\bar{d}_{t,i+1}) & \\
\hline
\bar{c}_{t,i+1} & (\bar{d}_{t,i+1} \leq)\bar{c}''_{t,i+1} \quad \bar{d}''_{t,i+1}(=\bar{c}_{t,i+2}) & \\
\hline
\end{array}$$

Ce qui nous donne les deux inégalités demandées $\bar{c}''_{t+1,i+1} \leq \bar{d}''_{t+1,i+1} < \bar{d}_{t,i+1} \leq \bar{c}_{t,i+1} = \bar{d}'_{t,i}$ et $\bar{d}''_{t+1,i+1} < \bar{d}_{t,i+1} \leq \bar{c}''_{t,i+1}$.

$\square$

Soit T un tableau de $SS^{<\lambda>}$ qui n'est pas quasi standard. Soit s un entier tel que $T \in NQS_s$ et T possède une colonne de hauteur s. On notera ceci : $T \in NQS_s^{<\lambda>}$. Supposons $T \notin NQS_t^{<\lambda>}$, pour tout $t > s$. On ajoute à T une colonne triviale avec s cases vides $c_0 \setminus S$, on applique le jeu de taquin symplectique, on retire la première colonne (triviale avec $s-1$ cases vides) et on obtient un tableau $T' \in NQS_{s-1}^{<\lambda-[s]+[s-1]>}$ où $[s]$ désigne le n-uplet $(0,\ldots,1,\ldots,0)$, le 1 étant à la $s^{ième}$ place. On notera $T' = sjdt_s(T)$. Il est possible que T' soit dans $NQS_s^{<\lambda-[s]+[s-1]>}$. Cependant T' ne peut pas être dans $NQS_t^{<\lambda-[s]+[s-1]>}$, avec $t > s$.

Lemme 3.5.7.

Pour tout $t > s$, si T n'est pas dans NQS_t, alors $T'=sjdt_s(T)$ n'est pas non plus dans NQS_t.

Preuve

En effet, si T n'a pas de colonne de hauteur t, T' n'en n'a pas non plus. Si T a une colonne de hauteur t et n'est pas dans NQS_t, le double de T est tel que pour chaque t il existe un 'blocage' de la forme $t_{t,j} \geq t_{t+1,j-1}$. Montrons que ce blocage ne disparaît pas au cours du jeu de taquin symplectique. Supposons qu'à la colonne c_i de T, on ait $s \leq \#A$. Si on ajoute une entrée barrée $\bar{u}$, on a vu que la partie de la nouvelle colonne $dble(c''_i)$ située en dessous de la ligne s est le double de $f(A^{<b_s}, D^{<b_s})$, c'est à dire coïncide avec la nouvelle colonne $dble(c_i)$ située en dessous de la ligne s. S'il y avait un blocage, il n'a pas disparu. Si on ajoute une entrée u qui n'est pas barrée, on est dans la situation suivante (la parenthèse signifie que la ligne correspondante peut exister ou ne pas exister), si

$u = b_s$, on obtient $c"_i = c_i$ et aucun blocage ne disparaît, si $u > b_s$ et $u \notin C$,

$$dbl(c_i) = \begin{array}{cc} A^{<b_s} & B^{<b_s} \\ \\ a_s & b_s \\ \\ A^{>b_s} & B^{>b_s} \\ \overline{C}^{>b_s} & \overline{D}^{>b_s} \\ \\ (\overline{b_s} & \overline{a_s}) \\ \\ \overline{C}^{<b_s} & \overline{D}^{<b_s} \end{array} \mapsto dble(c'_i) = \begin{array}{cc} A^{<b_s} & B^{<b_s} \\ \\ \star & \star \\ \\ A^{>b_s} & B^{>b_s} \\ \overline{C}^{>b_s} & \overline{D}^{>b_s} \\ \\ (\overline{a_s} & \overline{a_s}) \\ \\ \overline{C}^{<b_s} & \overline{D}^{<b_s} \end{array} \mapsto$$

$$\mapsto dble(c"_i) = \begin{array}{cc} A^{<b_s} & B^{<b_s} \\ \\ u & u \\ \\ A^{>b_s} & B^{>b_s} \\ \overline{C}^{>b_s} & \overline{D}^{>b_s} \\ \\ (\overline{a_s} & \overline{a_s}) \\ \\ \overline{C}^{<b_s} & \overline{D}^{<b_s} \end{array}$$

le seul changement éventuel, en dessous de la ligne s, est le remplacement de $\overline{b_s}$ par $\overline{a_s}$. Ce remplacement n'appporte aucun nouveau déblocage. Enfin si $u > b_s$ appartient à C, on a $u = c_a$, par construction u est le plus petit élément de $J_i^{"\geq b_s}$, on a, avec nos notations, $D^{"\geq b_s} = D'^{\geq b_s} \setminus \{u\} \cup \{v = d"_{\underline{b}}\}$, le seul changement des colonnes en dessous de s, à part le changement éventuel de $\overline{b_s}$ en $\overline{a_s}$, est la partie comprise entre les ligne barrées d'indices a et b. Plus précisément, cette partie devient :

$$
\begin{array}{cccc}
\overline{c}_{a+1} & \overline{d}_{a+1} & \overline{c}_{a+1} & \overline{d}_{a+1} \\[2mm]
\overline{c}_a & \overline{c}_a & \overline{c}_a & \overline{c}_{a-1} \\[2mm]
\vdots & \vdots \;\; \longmapsto & \vdots & \vdots \\[2mm]
\overline{c}_{b+1} & \overline{c}_{b+1} & \overline{c}_{b+1} & \overline{c}_b \\[2mm]
\overline{c}_b & \overline{c}_b & \overline{c}_b & \overline{d'}_b
\end{array}
$$

On voit apparaître des blocages entre ces deux colonnes entre les lignes a et b. Aucun ancien blocage ne disparaît. Le même argument s'applique si $s > \#A$.

□

On peut maintenant répéter le jeu de taquin symplectique sur $T' = sjdt_s(T)$. Si T' n'est pas quasi standard (c'est en particulier le cas si $s > 1$), il existe $s' \leq s$ tel que $T' \in NQS_{s'}^{<\lambda\setminus[s]\cup[s-1]>}$ et $T' \notin NQS_{t'}^{<\lambda\setminus[s]\cup[s-1]>}$, pour tout $t' > s'$, on construit $T'' = sjdt_{s'}(T')$, etc...Au bout d'un nombre fini d'opérations, on obtient un tableau $\varphi(T)$ quasi standard : $\varphi(T) \in QS^{<\mu>}$, et on définit ainsi une application φ de $SS^{<\lambda>}$ dans $\sqcup_{\mu\subset\lambda} QS^{<\mu>}$.

Théorème 3.5.1.
   L'application φ est bijective de $SS^{<\lambda>}$ sur $\sqcup_{\mu\subset\lambda} QS^{<\mu>}$.

Preuve
   D'après le théorème 7.3 de [Sh], on sait que le jeu de taquin symplectique $sjdt$ est injectif et que son application inverse est de la forme $\sigma \circ sjdt \circ \sigma$ où σ est le retournement d'un tableau, accompagné du changement des entrées barrées en non barrées et des non barrées en barrées. L'application $sjdt_s$ déplace l'étoile vers la droite jusqu'à la dernière case de la ligne s. On répète cette opération pour réaliser φ. On obtient un tableau $\varphi(T)$ de forme μ et des étoiles succesives à droite de ce tableau qui remplissent le tableau tordu de forme $\lambda \setminus \mu$ de bas en haut et de droite à gauche (on remplit les lignes successivement en commençant par la dernière et dans chaque ligne de droite à gauche).
   Si maintenant T est un tableau quelconque de $SS^{<\mu>}$ avec $\mu \subset \lambda$, on lui ajoute à gauche autant de colonnes triviales qu'il y a de cases sur la première ligne de $\lambda\setminus\mu$ (disons d colonnes), et le tableau tordu de forme $\lambda \setminus \mu$ en haut à droite, on remplit ce tableau tordu par des étoiles numérotées comme ci-dessus, et on applique le jeu de taquin inverse. On obtient par construction un tableau $\theta(T)$ de forme $(\lambda \cup d[n]) \setminus (\lambda\setminus\mu)$, puisque d'après le théorème 7.3 de [Sh], les chemins successifs des étoiles ne se croisent pas (au sens de [Sh]) : les dernières étoiles sont sur la première ligne de notre tableau, le jeu de taquin inverse les ramène successivement, dans l'ordre décroissant le long de la première ligne, le plus à gauche possible. Les étoiles suivantes sont sur la ligne 2. Elles ne peuvent pas passer par la ligne 1, puisque les chemins ne se croisent pas. Elles reviennent donc, le

plus à gauche possible, le long de cette ligne, etc...A cause de la forme de notre tableau, 0 n'apparaît jamais. En effet pour que 0 apparaisse, il faut qu'à un moment donné il y ait $\bar{1}$ à gauche de l'étoile et 1 au dessus de l'étoile, donc il y a une case à gauche de ce 1 qui contient nécessairement 1. Mais alors la colonne à gauche de l'étoile et celle au dessus de l'étoile forment un tableau qui n'est pas semi standard, ceci est impossible d'après [Sh]. Le tableau $\theta(T)$ obtenu est donc semi standard et par construction ses d premières colonnes sont des bas de colonnes triviales. Ensuite, on complète le tableau $\theta(T)$ en complètant les d premières colonnes en des colonnes triviales. On supprime les d premières colonnes triviales et on obtient un tableau $\psi(T)$ semi standard de forme λ. D'après [Sh], $\varphi(\psi(T)) = T$, φ est bijective. $\qquad\square$

Exemple 3.5.8. Cas de $\mathfrak{sp}(8)$

$$T = \begin{array}{|c|c|c|} \hline 1 & 1 & 3 \\ \hline 2 & 3 & \bar{3} \\ \hline 3 & \bar{3} \\ \cline{1-2} \bar{3} \\ \cline{1-1} \end{array} \implies \text{double}\,(T) = \begin{array}{|c|c|c|c|c|c|} \hline 1 & 1 & 1 & 1 & 3 & 4 \\ \hline 2 & 2 & 3 & 4 & \bar{4} & \bar{3} \\ \hline 3 & 4 & \bar{4} & \bar{3} \\ \cline{1-4} \bar{4} & \bar{3} \\ \cline{1-2} \end{array}.$$

Puisque $4 < \bar{4} < \bar{3}$, le tableau $T \in NQS_3^{(0,1,1,1)}$. En oubliant l'ajout initial et le retrait final des colonnes triviales, on a successivement :

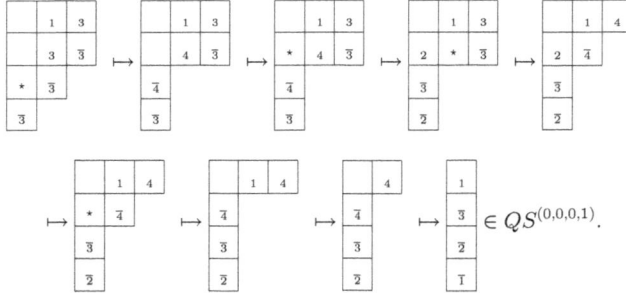

Inversement, on a :

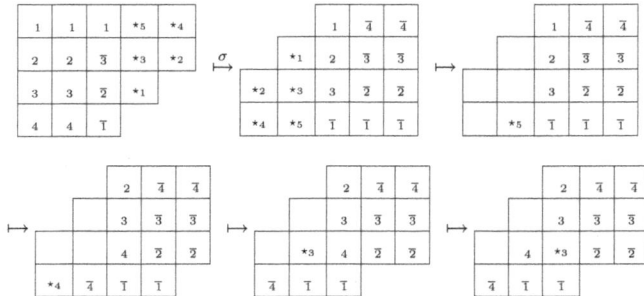

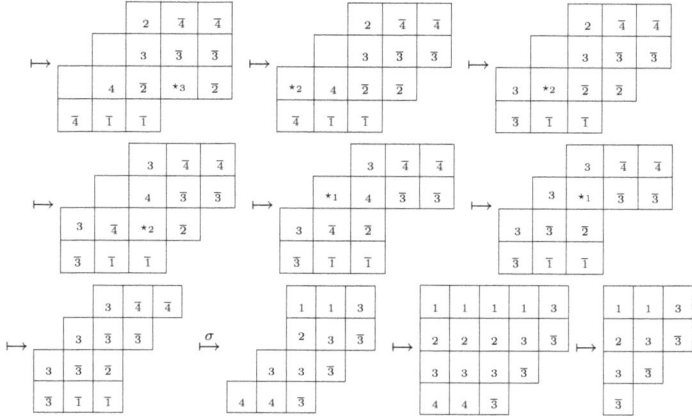

Comme pour $SL(n)$, on réalise le dernier pas de notre preuve en appliquant les relations de Plücker internes et externes aux tableaux $T \in NQS^{<\lambda>}$. On ordonne les tableaux de Young suivant l'ordre habituel : deux tableaux T et S vérifient $S < T$ si la forme $\mu = (b_1, \ldots, b_n)$ de S est plus petite que la forme $\lambda = (a_1, \ldots, a_n)$ de T pour l'ordre lexicographique ou, si ces deux formes sont les mêmes si, lorsqu'on lit ces deux tableaux colonne par colonne, de droite à gauche et dans chaque colonne de bas en haut, le premier couple d'entrées différentes vérifie $t_{i,j} < s_{i,j}$.

On fait une récurrence sur cet ordre total. On suppose que tout tableau S tel que $S < T$ s'écrit modulo les relations de Plücker et les relations $\delta_{1,2,\ldots,s}^{(s)} - 1 = 0$, comme une combinaison linéaire de tableaux quasi standards U_j tels que $U_j \leq S$.

Soit maintenant s le plus grand entier tel que T est dans $NQS_s^{<\lambda>}$. Pour tout ℓ tel que la colonne c_ℓ ait une hauteur $\geq s$, on note $\partial_j^\ell T$ un tableau ayant la même forme que T, dont les colonnes numéros $\ell+1, \ell+2, \ldots$ sont celles de T, le bas de la colonne numéro ℓ (les entrées des lignes $s+1, \ldots$) est le bas de la colonne numéro ℓ de T et les s premières entrées de la colonne numéro ℓ sont $1, 2, \ldots, s$. Remrquons que $\partial_j^\ell T \geq T$.

On fait une récurrence sur ℓ. On suppose que, modulo les relations de Plücker, il existe des tableaux $\partial_j^\ell T$ et des tableaux $S_k^\ell < T$, de même forme que T, tels que

$$T = \sum_j \partial_j^\ell T + \sum_k S_k^\ell.$$

Considérons un des tableaux $\partial_j^\ell T$

Cas 1 : $t_{s+1,\ell} > t_{s,\ell+1}$

Grâce à la relation de Plücker sur les colonnes numéros ℓ, $\ell+1$, le tableau $\partial_j^\ell T$ s'écrit :

$$\partial_j^\ell T = \partial_j^{\ell+1} T + \sum_{S' < T} S'.$$

Où $\partial_j^{\ell+1} T$ est obtenu en permutant les s premières lignes des colonnes numéros ℓ et $\ell+1$ de $\partial_j^\ell T$.

Cas 2 : $t_{s+1,\ell} \leq t_{s,\ell+1}$ et $t_{s+1,\ell}$ est non barré.

Dans ce cas, puisque $T \in NQS_s^{<\lambda>}$, $t_{s,\ell+1}$ est non barré, $\overline{t_{s+1,\ell}}$ apparaît dans la colonne numéro ℓ, on applique une relation interne, sur la colonne numéro ℓ et sur ce couple d'entrées, on obtient :

$$\partial_j^\ell T = \sum_{i>t_{s,\ell+1}} U_{ij} + \sum_{i<t_{s,\ell+1}} S_{ij},$$

on remrque que les tableaux S_{ij} sont plus petits que T et d'après le lemme 3, dans chaque U_{ij}, $u_{s+1,\ell} > t_{s,\ell+1}$, en appliquant le cas 1, on peut écrire :

$$\partial_j^\ell T = \sum_i \partial_{i,j}^{\ell+1} T + \sum_{S'<T} S'.$$

Cas 3 : $t_{s+1,\ell} \leq t_{s,\ell+1}$ et $t_{s+1,\ell}$ est barré.

Alors l'entrée $t_{s,\ell+1}$ est barrée, on note $t_{s,\ell+1} = \bar{v}$, alors l'entrée v apparaît dans la colonne $\ell + 1$, on applique la relation interne sur la colonne numéro $\ell + 1$ et sur ce couple d'indice, on obtient :

$$\partial_j^\ell T = \sum_{i>v} U_{ij} + \sum_{i<v} S_{ij},$$

on remarque que les tableaux S_{ij} sont plus petits que T et d'après le lemme 3, dans chaque U_{ij}, $u_{s,\ell+1} < t_{s+1,\ell}$, de plus $u_{s',\ell+1} = t_{s',\ell+1}$, pour tout $s' > s$. En appliquant le cas 1, on peut écrire :

$$\partial_j^\ell T = \sum_i \partial_{i,j}^{\ell+1} T + \sum_{S'<T} S'.$$

Donc par récurrence, on a bien, pour tout ℓ tel que la colonne c_ℓ de T ait au moins s cases,

$$T = \sum_j \partial_j^\ell T + \sum_k S_k,$$

avec $S_k < T$ pour tout k. On écrit cette relation pour la première colonne de hauteur s de T, on obtient des tableaux $\partial_j^\ell T$ ayant une colonne triviale, on supprime cette colonne triviale grâce à la relation $\delta_{1,2,\ldots,s}^{(s)} = 1$, on obtient des tableaux $(\partial_j^\ell T)' < T$. Donc T est une combinaison linéaire de tableaux $S < T$, par induction, c'est une combinaison linéaire de tableaux quasi standards de forme $\mu \subset \lambda$.

L'ensemble $\cup_{\mu \subset \lambda} QS^{<\mu>}$ est un système générateur du N^+ module $\mathbb{S}_{\mathfrak{n}_{\mathfrak{sp}(2n)}^+}^{<\lambda>} \subset \mathbb{S}_{red}^{<\lambda>}$, ce module a pour dimension le cardinal de $SS^{<\lambda>}$, le système $\cup_{\mu \subset \lambda} QS^{<\mu>}$ est donc une base de ce module.

Théorème 3.5.2.

Tout tableau de $SS^{<\lambda>}$ est une combinaison linéaire de tableaux de $\cup_{\mu \subset \lambda} QS^{<\mu>}$. L'ensemble $QS^{<\bullet>}$ est une base de $\mathbb{S}^{<\bullet>}$, adaptée à la stratification des N^+-modules $\mathbb{S}_{\mathfrak{n}_{\mathfrak{sp}(2n)}^+}^{<\lambda>}$.

Bibliographie

[AAK]   B. Agrebaoui, D. Arnal, O. Khlifi, "Diamant representations of rank two semi-simple Lie algebras"; A paraître, Journal of Lie theory (2008).

[ABW]   D. Arnal, N. Bel Baraka, N. Wildberger : "Diamond representations of $\mathfrak{sl}(n)$", Ann. Math. Blaise Pascal, 13 n°2 (2006), p.381–429.

[D]   R. G. Donnelly, "Explicit Constructions of the fundamental reprentations of the symplectic Lie algebras"; Journal of algebra 223, p.37-64, (2000).

[DeC]   C. De Concini, "Symplectic standard tableaux", Advances in Math. 34 (1979), p.1-27, MR80m :14036.

[FH]   W. Fulton and J. Harris, "Representation theory"; Readings in Mathematics 129 (1991) Springer- Verlag, New York.

[H]   J. E. W. Humphreys, "Introduction to Lie algebras and representation theory"; Springer-Verlag, New York; Heidelberg; Berlin (1972).

[KN]   M. Kashiwara, T. Nakashima, "Crystal graphs for representations of the q-analogue of classical Lie algebras", Journal of algebra 165 (1994), p.295-345.

[L]   C. Lecouvey, "Kostka-Foulkes polynomials cyclage graphs and charge statistic for the root system C_n"; Journal of Algebraic Combinatorics 21, pp. 203-240 (2005).

[Sh]   J. T. Sheats, " A symplectic jeu de taquin bijection between the tableaux of King and of De Concini"; Transaction of the American Mathematical Society, volume 351, Number 9, p.3569-3607, S 0002-9947(99)02166-2 (1999).

[V]   V.S. Varadarajan "Lie groups, Lie algebras, and their representations"; Springer-Verlag, New York; Berlin (1984).

[W1]   N.J. Wildberger "Quarks, diamond and representations of $\mathfrak{sl}(3)$".

Chapitre 4

Diamond cone for $\mathfrak{sl}(m/1)$

O. Khlifi,

submitted in Journal of pure and Applied Algebra.

Abstract

The diamond cone $\mathbb{S}_{red}$ for a semisimple Lie algebra $\mathfrak{g}$ is a quotient of the shape algebra $\mathbb{S}$ of $\mathfrak{g}$. If $\mathfrak{n}$ is the nilpotent factor of the Iwasawa decomposition of $\mathfrak{g}$, we get a indecomposable $\mathfrak{n}$-module. if $\mathfrak{g} = \mathfrak{sl}(m)$ or $\mathfrak{sp}(2m)$, particular basis in $\mathbb{S}_{red}$, were defined, using the notion of quasi standard Young tableaux.

In the present paper, we define the diamond cone for the Lie superalgebra $\mathfrak{sl}(m/1)$, starting with the covariant tensor representations of $\mathfrak{sl}(m/1)$. The diamond cone is no more indecomposable, but we give basis for each its indecomposable component, using quasi standard Young tableaux for $\mathfrak{sl}(m/1)$.

4.1 Introduction

As a $\mathfrak{sl}(m)$ module, the shape algebra $\mathbb{S}^\bullet$ for $\mathfrak{sl}(m)$ is the direct sum of all simple finite dimensional $\mathfrak{sl}(m)$ module V^λ (λ is the highest weight in V^λ). As an algebra, it is a quotient of the symmetric algebra on the sum of fundamental modules $\wedge^j \mathbb{C}^m$.

In [ABW], a quotient $\mathbb{S}^\bullet_{red}$ of $\mathbb{S}^\bullet$ called the reduced shape algebra or the diamond cone for $\mathfrak{sl}(m)$ is defined. It is no more a $\mathfrak{sl}(m)$ module, but it is a indecomposable module for the Lie algebra $\mathfrak{n}$ of the strictly upper triangular matrices. To be more precise, it is the union of all the V^λ, considered as $\mathfrak{n}$ modules, with the stratification $V^\mu \subset V^\lambda$ if $\mu \leq \lambda$ as a weight. A basis in $\mathbb{S}^\bullet_{red}$ is defined in [ABW], by using special Young tableaux, called quasi standard Young tableaux. We shall briefly recall this construction in section 2.

In this paper, we consider the Lie super algebra $\mathfrak{sl}(m/1)$ and its nilpotent factor $\mathfrak{n}$. Any simple finite dimensional module is characterized by its highest weight λ, but there is a non countable set Λ of such highest weights. Thus we cannot use combinatorial objects like Young tableaux to describe the direct sum of all the simple modules $V(\lambda)$. Moreover, a finite dimensional module is not necessarily semi simple. Thus define a structure of algebra on this vector space is not easy.

We propose here to restrict ourselves to the so called covariant tensor rzpresentations for $\mathfrak{sl}(m/1)$. These simple madules happen in the algebra $T[\mathbb{C}^{m/1}]$, their highest weights are elements of a well defined set $\Lambda_{cov} = \cup_{k=0}^{\infty}\Lambda_{cov}^{(k)}$ and their direct sum is isomorphic to the quotient of the symmetric algebra $S(\sum \wedge^j\mathbb{C}^{m/1})$ on the sum of $\wedge^j\mathbb{C}^{m/1}$. Therefore, we call this quotient the shape algebra $\mathbb{S}$ for $\mathfrak{sl}(m/1)$.

A vector basis for $\mathbb{S}$ is labelled by the semi standard Young tableaux for $\mathfrak{sl}(m/1)$ (see [KW]). Indeed the set of Young tableaux forms a natural labelling for a basis in $S(\sum \wedge^j\mathbb{C}^{m/1})$, we quotient this algebra by the ideal generated by the so called Garnir relations (see [KW]). We keep only semi standard Young tableaux to get a basis in the quotient $\mathbb{S}$.

Denote v_λ the highest weight vector in $\mathbb{S}$, for the highest weight λ. Here we consider the quotient of the shape algebra $\mathbb{S}$ by the ideal generated by all the vectors $v_\lambda - 1$, for $\lambda \in \Lambda_{cov}^{(0)}$. We denote this quotient $\mathbb{S}_{red}$ and call it the reduced shape algebra for $\mathfrak{sl}(m/1)$. It is a direct sum $\sum_{k=0}^{\infty} M^{(k)}$ of indecomposable $\mathfrak{n}$ modules. For each k, $M^{(k)}$ is the union of the $\mathfrak{n}$ modules V^λ, for $\lambda \in \Lambda_{cov}^{(k)}$. In $M^{(k)}$, we have the stratification $V^\mu \subset V^\lambda$ if and only if $\mu \leq \lambda$.

We define then the notion of quasi standard Young tableaux, exactly as for $\mathfrak{sl}(m)$: they are semi standard Young tableaux T such that, we cannot extract a 'trivial' column and get a semi standard tableau $P_s(T)$, by pushing one step to the left the s first rows of T (see section 6). Then we prove the quasi standard tableaux give a natural labelling for a basis of $\mathbb{S}_{red}$, well adapted to the stratification of the $\mathfrak{n}$ module $\mathbb{S}_{red}$.

4.2   Semi and quasi standard Young tableaux for $\mathfrak{sl}(m)$

We consider the Lie algebra $\mathfrak{sl}(m) = \mathfrak{sl}(m, \mathbb{C})$ of $m \times m$ traceless matrices, it is the Lie algebra of the Lie group $SL(m)$ of $m \times m$ matrices, with determinant 1.

Recall that the fundamental representations of $\mathfrak{sl}(m)$ are the natural ones on $\mathbb{C}^m,\ldots,$ $\wedge^{m-1}\mathbb{C}^m$ with highest weights $\omega_1, \ldots, \omega_{m-1}$.

It is well known that each simple $\mathfrak{sl}(m)$-module has a highest weight λ and the module is characterized by its highest weight. The highest weights are exactly the elements

$$\lambda = a_1\omega_1 + \cdots + a_{m-1}\omega_{m-1}$$

where $a_1, \ldots, a_{m-1}$ are non negative integral numbers. Note $\mathbb{S}^\lambda$ this module, it is a submodule of the tensor product

$$Sym^{a_1}(\mathbb{C}^m) \otimes Sym^{a_2}(\wedge^2 \mathbb{C}^m) \otimes \cdots \otimes Sym^{a_{m-1}}(\wedge^{m-1}\mathbb{C}^m).$$

Let $(e_1, \ldots, e_m)$ the canonical basis of $\mathbb{C}^m$. The determinant of the submatrix $g \in SL(m)$ obtained by considering the rows $i_1, \ldots, i_k$ and columns $j_1 \ldots, j_k$ is denoted by $det(g; i_1, \ldots, i_k; j_1, \ldots, j_k)$. A basis of $\mathbb{S}^{\omega_k}$ is given by the set of subdeterminant functions :

$$\delta^{(k)}_{i_1,\ldots,i_k}(g) = \det \ (g; i_1, \ldots, i_k; 1, \ldots, k).$$

where $g \in SL(m)$ and $i_1 < i_2 < \cdots < i_k$. We can naturally associated to each δ variable a column with k labelled boxes :

$$\delta^{(k)}_{i_1,\ldots,i_k} = \begin{array}{|c|} \hline i_1 \\ \hline i_2 \\ \hline \vdots \\ \hline i_k \\ \hline \end{array}.$$

If k is fixed, $SL(m)$ acts on the vector space spanned by all columns $\delta^{(k)}_{i_1,\ldots,i_k}$ as on $\wedge^k \mathbb{C}^m$ by

$$(g.\delta^{(k)}_{i_1,\ldots,i_k})(g') = \delta^{(k)}_{i_1,\ldots,i_k}(^t gg').$$

We denote the product of δ-functions as a tableau called Young tableau consisting of a juxtaposition of columns with a natural ordering. Thus a basis for the symmetric algebra

$$Sym^\bullet(\bigwedge \mathbb{C}^m) = Sym^\bullet(\mathbb{C}^m \oplus \wedge^2 \mathbb{C}^m \oplus \cdots \oplus \wedge^{m-1}\mathbb{C}^m)$$
$$= \sum_{a_1,\ldots,a_{m-1}} Sym^{a_1}(\mathbb{C}^m) \otimes \cdots \otimes Sym^{a_{m-1}}(\wedge^{m-1}\mathbb{C}^m)$$

is given by the set of Young tableaux. We say that a tableau with a_1 columns of size 1, $\ldots$, a_{m-1} columns of size $m-1$, has a shape λ. The collection of tableau with shape $\lambda = (a_1, \ldots, a_{m-1})$ is a basis for $Sym^{a_1}(\mathbb{C}^m) \otimes \cdots \otimes Sym^{a_{m-1}}(\wedge^{m-1}\mathbb{C}^m)$.

Denote N^+ the subgroup of all the unipotent upper triangular matrices. All the polynomial N^+ right invariant functions on $SL(m)$ are polynomial functions in the δ-variables, then the algebra of theses functions is a quotient of $Sym^\bullet(\bigwedge \mathbb{C}^m)$. As a $\mathfrak{sl}(m)$ module, this algebra is the direct sum of all the $\mathbb{S}^\lambda$.

Definition 4.2.1.

The shape algebra for $SL(m)$ is the $\mathfrak{sl}(m)$-modules

$$\mathbb{S}^\bullet = \bigoplus_\lambda \mathbb{S}^\lambda.$$

The quotient defined above gives the algebra structure.

Definition 4.2.2.

A Young tableaux of shape λ is semi standard if its entries are increasing along each row (and strictly increasing along each column).

Theorem 4.2.3.

1) The algebra $\mathbb{S}^{\bullet} = \bigoplus_{\lambda} \mathbb{S}^{\lambda}$, is isomorphic to the quotient of $Sym^{\bullet}(\bigwedge \mathbb{C}^m)$ by the ideal $\mathcal{PL}$ generated by the Plücker relations :

for $p \geq q \geq r$,

$$0 = \delta^{(p)}_{i_1,i_2,\ldots,i_p} \delta^{(q)}_{j_1,j_2,\ldots,j_q} + \sum_{\substack{A \subset \{i_1,\ldots,i_p\} \\ \#A=r}} \pm \delta^{(p)}_{(\{i_1,\ldots,i_p\}\backslash A)\cup\{j_1,\ldots,j_r\}} \delta^{(q)}_{A\cup\{j_{r+1},\ldots,j_q\}}.$$

2) If $\lambda = a_1\omega_1 + \cdots + a_{m-1}\omega_{m-1}$, a basis for $\mathbb{S}^{\lambda}$ is given by the set of semi standard Young tableaux T of shape λ.

Example 4.2.4. For $\mathfrak{sl}(3)$, we have only one Plücker relation :

$$\begin{array}{|c|c|}\hline 1 & 3 \\\hline 2 \\\cline{1-1}\end{array} \;+\; \begin{array}{|c|c|}\hline 2 & 1 \\\hline 3 \\\cline{1-1}\end{array} \;-\; \begin{array}{|c|c|}\hline 1 & 2 \\\hline 3 \\\cline{1-1}\end{array} = 0.$$

A basis for $\mathbb{S}^{\bullet}$ is obtained removing the non semi standards tableaux. They are exactly those containing the subtableau $\begin{array}{|c|c|}\hline 2 & 1 \\\hline 3 \\\cline{1-1}\end{array}$.

4.2.1 Quasi standard Young tableaux for $\mathfrak{sl}(m)$

Let us now restrict all our polynomial functions to the subgroup $N^- = {}^t N^+$ of $SL(m)$. First the restriction $\mathbb{C}[SL(m)]^{N^+}|_{N^-}$ is canonically isomorphic to $\mathbb{C}[N^-]$.

Definition 4.2.5.

We call reduced shape algebra the quotient :

$$\mathbb{C}[N^-] = \mathbb{S}^{\bullet}_{red} = \mathbb{S}^{\bullet}/\langle \delta^{(p)}_{1,\ldots,p} - 1 \;\rangle.$$

Proposition 4.2.6.

$$\mathbb{S}^{\bullet}_{red} \simeq \mathbb{C}[SL(m,\mathbb{C})]^{N^+} / <\delta^{(p)}_{1,\ldots,p} - 1> = \mathbb{C}[\delta^{(p)}_{i_1,\ldots,i_p}]/\mathcal{PL}_{+<\delta^{(p)}_{1,\ldots,p}-1>}$$

$$= \mathbb{C}[\delta^{(p)}_{i_1,\ldots,i_p}; i_p < p]/\mathcal{PL}_{red}$$

where $\mathcal{PL}_{red}$ is the ideal generated by the reduced Plücker relations i.e. the Plücker relations where we suppress the trivial columns $\delta^{(p)}_{1,\ldots,p}$.

Definition 4.2.7.

Let T be a semi standard Young tableau such that there is k such that its first column

begins by $\begin{array}{|c|}\hline 1 \\\hline 2 \\\hline \vdots \\\hline k \\\hline \vdots \\\hline\end{array}$.

We say that we "push" T if we shift the k firsts rows of T to the left and we delete

the column $\begin{array}{|c|}\hline 1 \\ \hline 2 \\ \hline \vdots \\ \hline k \\ \hline\end{array}$ *which spill out. We denote by* $P_k(T)$ *the new tableau obtained. A tableau*

T is said quasi standard if T is a semi standard Young tableau and there is no k such that $P_k(T)$ *is a semi standard tableau.*

Example 4.2.8.

The reduced Plücker relation for $\mathfrak{sl}(3)$ is :

$$\boxed{3} + \begin{array}{|c|}\hline 2 \\ \hline 3 \\ \hline\end{array} - \begin{array}{|c|c|}\hline 1 & 2 \\ \hline 3 \\ \cline{1-1}\end{array} = 0.$$

In this relation, there is one non quasi standard tableau : the last one.

On the other hand, the algebra $\mathbb{C}[N^-]$ is a N^+ indecomposable module, union of all the N^+ modules $\mathbb{S}^\lambda_{|N^+}$ with a stratification $\mathbb{S}^\mu_{|N^+} \subset \mathbb{S}^\lambda_{|N^+}$ if and only if $\mu = \sum b_j\omega_j, \lambda = \sum a_j\omega_j$ and $b_j \leq a_j$ for all j. To find a basis of $\mathbb{C}[N^-]$ adapted to the representations of N^+, we restrict ourselves to quasi standard Young tableaux.

Theorem 4.2.9.

1) The set of quasi standard Young tableaux form a basis for the algebra $\mathbb{S}^\bullet_{red}$.

2) Let μ, λ *be two shapes, we say* $\mu \leq \lambda$ *if* $\mu = (b_1, \ldots, b_{m-1}), \lambda = (a_1, \ldots, a_{m-1})$ *and* $b_j \leq a_j$ *for all* j.

A parametrization of a basis for the quotient $\mathbb{S}^\lambda_{|N^+}$ *is given by the set of quasi standard Young tableaux of shape* $\mu \leq \lambda$.

Example 4.2.10.

For the Lie algebra $\mathfrak{sl}(3)$, we get the picture :

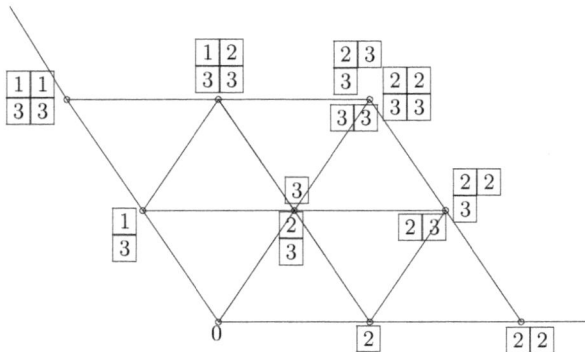

4.3   The special linear Lie superalgebra $\mathfrak{sl}(m/1)$

A complex Lie superalgebra $\mathfrak{g}$ is a $\mathbb{Z}_2$ graded linear vector space, $\mathfrak{g} = \mathfrak{g}_{\overline{0}} \oplus \mathfrak{g}_{\overline{1}}$ over $\mathbb{C}$ with a bilinear operation $[.,.]$ from $\mathfrak{g} \times \mathfrak{g}$ into $\mathfrak{g}$, called Lie superbracket, such that $\forall a \in \mathfrak{g}_\alpha, \forall b \in \mathfrak{g}_\beta, \forall c \in \mathfrak{g}, \forall \alpha, \beta \in \mathbb{Z}_2$:

i) $[a, b] \in \mathfrak{g}_{\alpha+\beta}$,

ii) $[a, b] = -(-1)^{\alpha\beta}[b, a]$,

iii) $[a, [b, c]] = [[a, b], c] + (-1)^{\alpha\beta}[b, [a, c]]$.

The simplest example of the Lie superalgebra is given by $\mathfrak{gl}(m/n)$, with $m, n \in \mathbb{N}$. Its natural matrix realization takes the form :

$$\mathfrak{gl}(m/n) = \left\{ X = \begin{pmatrix} A & B \\ \\ C & D \end{pmatrix}, A \in M_{m \times m}, B \in M_{m \times n}, C \in M_{n \times m}, D \in M_{n \times n} \right\},$$

where $M_{p,q}$ is the set of all $p \times q$ complex matrices. The even subspace $\mathfrak{gl}(m/n)_{\overline{0}}$ and the odd subspace $\mathfrak{gl}(m/n)_{\overline{1}}$ are defined by :

$$\mathfrak{gl}(m/n)_{\overline{0}} = \left\{ \begin{pmatrix} A & 0 \\ \\ 0 & D \end{pmatrix}, A \in M_{m \times m}, D \in M_{n \times n} \right\},$$

$$\mathfrak{gl}(m/n)_{\overline{1}} = \left\{ \begin{pmatrix} 0 & B \\ \\ C & 0 \end{pmatrix}, B \in M_{m \times n}, C \in M_{n \times m} \right\}.$$

The bracket is determined in the natural matrix representation by :

$$[X, Y] = XY - (-1)^{\alpha\beta} YX, \qquad\qquad \forall\, X \in \mathfrak{g}_\alpha \text{ and } \forall\, Y \in \mathfrak{g}_\beta,$$

where the juxtaposition in the right hand side denotes matrix multiplication.

For a matrix in $\mathfrak{gl}(m/n)$ the supertrace is defined as $str(X) = tr(A) - tr(D)$. So one can define the subalgebra $\mathfrak{sl}(m/n)$:

$$\mathfrak{sl}(m/n) = \{X \in \mathfrak{gl}(m/n) : str(X) = 0\}.$$

A Cartan subalgebra $\mathfrak{h}$ of $\mathfrak{sl}(m/n)$ has dimension $m + n - 1$ and is spanned by :
$$h_i = E_{ii} - E_{i+1,i+1}, \qquad 1 \le i < m,$$

$$h_m = E_{mm} + E_{m+1,m+1},$$

$$\text{and} \quad h_{m+j} = E_{m+j,m+j} - E_{m+j+1,m+j+1}, \qquad 1 \le j < n,$$

where $E_{i,j}$ is the matrix with entry 1 at position (i,j) and 0 elsewhere.

The dual space $\mathfrak{h}^*$ of the Cartan subalgebra is described in the basis of forms $\epsilon_i(i = 1, \ldots, m)$ and $\delta_j(j = 1, \ldots, n)$ where $\epsilon_i : X \to a_{ii}$ and $\delta_j : X \to d_{jj}$.

For the rest of the paper, we consider only the case $n = 1$. Then recall that $\mathfrak{sl}(m/1)$ consist of those element of $\mathfrak{gl}(m/1)$ with zero supertrace. Thus :

$$\sum_{i=1}^{m} \epsilon_i - \delta_1 = 0.$$

The roots α and corresponding root vectors $e(\alpha)$ of $\mathfrak{sl}(m/1)$ are given by :

$$\epsilon_i - \epsilon_j \leftrightarrow e(\epsilon_i - \epsilon_j) = E_{ij} \qquad (1 \leq i, j \leq m),$$

$$\epsilon_i - \delta_1 \leftrightarrow e(\epsilon_i - \delta_1) = E_{i,m+1} \qquad (1 \leq i \leq m),$$

$$-\epsilon_i + \delta_1 \leftrightarrow e(-\epsilon_i + \delta_1) = E_{m+1,i} \qquad (1 \leq i \leq m).$$

Denote by Δ the set of all roots, by $\Delta_{\bar{0}}$ (resp. $\Delta_{\bar{1}}$) the set of even (resp. odd) roots and by $e(\alpha)$ the corresponding root vector. Then :

$$\Delta_{\bar{0}} = \{\pm(\epsilon_i - \epsilon_j), 1 \leq i, j \leq m\},$$

and

$$\Delta_{\bar{1}} = \{\pm(\epsilon_i - \delta_1), 1 \leq i \leq m\}.$$

A set of simple roots in Δ may be chosen as follows :

$$\Pi = \{\alpha_1 = \epsilon_1 - \epsilon_2, \alpha_2 = \epsilon_2 - \epsilon_3, \ldots, \alpha_m = \epsilon_m - \delta_1\}.$$

This choice is often referred to as the "distinguished basis", for which there is only one odd simple root α_m, ([Kh]). With this distinguished choice, the element of $\mathfrak{h}^*$ are partially ordered by :

$$\lambda, \mu \in \mathfrak{h}^* : \lambda \geq \mu \iff \lambda - \mu = \sum_{i=1}^{m} k_i \alpha_i \text{ with } k_i \geq 0.$$

This partial ordering $\geq$ can be extended to a total ordering $\succeq$ compatible with $\geq$ i.e. $\lambda \geq \mu$ implies $\lambda \succeq \mu$. The most natural example of such total ordering is the lexicographical ordering with respect to the simple roots.

The even and odd positives roots are given respectively by :

$$\Delta_{\bar{0}}^+ = \{\epsilon_i - \epsilon_j, 1 \leq i < j \leq m\},$$

and

$$\Delta_{\bar{1}}^+ = \{\epsilon_i - \delta_1, 1 \leq i \leq m\}.$$

Let us put $\mathfrak{n}^{\pm} = span\{e(\alpha), \alpha \in \Delta^{\pm}\}$, with $\Delta^+ = \Delta_{\bar{0}}^+ \cup \Delta_{\bar{1}}^+$ and $\Delta^- = -\Delta^+$. Then $\mathfrak{sl}(m/1)$ has the root space decomposition

$$\mathfrak{sl}(m/1) = \mathfrak{n}^- \oplus \mathfrak{h} \oplus \mathfrak{n}^+,$$

where $\mathfrak{n}^-$ and $\mathfrak{n}^+$ are nilpotent subalgebras. I.e. they are Lie superalgebras for the restriction of the bracket, $[\mathfrak{n}_{\bar{1}}^+, \mathfrak{n}_{\bar{1}}^+] = 0$, $\mathfrak{n}_{\bar{0}}^+$ is a nilpotent Lie algebra and the adjoint action of $\mathfrak{n}_{\bar{0}}^+$ or $\mathfrak{n}_{\bar{1}}^+$ is through nilpotent mappings.

On $\mathfrak{sl}(m/1)$, the form given by : $B(X,Y) = str(XY)$ is invariant non-degenerate. Its restriction to $\mathfrak{h}$ is also non-degenerate then B defines a non-degenerate inner product $(,)$ on $\mathfrak{h}^*$, explicitly determined by :

$$(\epsilon_i, \epsilon_j) = \delta_{ij}, (\epsilon_i, \delta_1) = 0, (\delta_1, \delta_1) = -1,$$

where δ_{ij} is the usual Kronecker symbol.
A weight $\lambda \in \mathfrak{h}^*$ can be written as

$$\lambda = \sum_{i=1}^{m} \lambda_i \epsilon_i + \mu_1 \delta_1 \text{ with } \sum_{i=1}^{m} \lambda_i - \mu_1 = 0.$$

Put $a_i = \lambda_i - \lambda_{i+1}$ for $i < m$ and $a_m = \lambda_m + \mu_1$.

A weight λ is called integral dominant if $a_i \in \mathbb{N}$ for $i \neq m$. The set of integral dominant weights is denoted by Λ.

4.3.1   Highest weight representation

From the theory of reductive Lie algebras, it follows that for every integral dominant weight λ there exists a unique (up to isomorphism) finite dimensional simple $\mathfrak{sl}(m/1)_{\overline{0}}$ module $V_0(\lambda)$ with highest weight λ. Let v_λ be a highest weight for $V_0(\lambda)$.

Definition 4.3.1.
   For any $\lambda \in \Lambda$, the Kac module $\overline{V}(\lambda)$ is the induced module

$$\overline{V}(\lambda) = Ind_{\mathfrak{sl}(m/1)_{\overline{0}} \oplus \mathfrak{n}_{\overline{1}}^+}^{\mathfrak{sl}(m/1)} V_0(\lambda) = U(\mathfrak{sl}(m/1)) \otimes_{\mathfrak{sl}(m/1)_{\overline{0}} \oplus \mathfrak{n}_{\overline{1}}^+} V_0(\lambda),$$

where $U(\mathfrak{sl}(m/1))$ is the universal enveloping superalgebra of $\mathfrak{sl}(m/1)$. The $\mathfrak{sl}(m/1)$ module $\overline{V}(\lambda)$ is finite dimensional but it is not always an irreducible module. Since $\overline{V}(\lambda)$ is a highest weight module, it contains a unique maximal submodule $M(\lambda)$ such that the quotient module :

$$\overline{V}(\lambda)/M(\lambda)$$

is a finite dimensional simple $\mathfrak{sl}(m/1)$ module with highest weight λ. We denote this quotient module by $V(\lambda)$ or $\mathbb{S}^{(\lambda)}$.

Kac ([K]) proved the following result :

Theorem 4.3.2.
   Every finite dimensional simple $\mathfrak{sl}(m/1)$ module is isomorphic to a module of the type $V(\lambda) = \overline{V}(\lambda)/M(\lambda)$ where λ is an integral dominant weight.
   Moreover, any finite dimensional simple $\mathfrak{sl}(m/1)$ module is characterized by its integral dominant weight λ.

Put $\rho = \frac{1}{2}\sum\limits_{\alpha \in \Delta_{\bar{0}}^{+}} \alpha - \frac{1}{2}\sum\limits_{\beta \in \Delta_{\bar{1}}^{+}} \beta$. Explicitly in the $\epsilon\delta$-basis,

$$\rho = \frac{1}{2}\sum_{i=1}^{m}(m-2i)\epsilon_i + \frac{m}{2}\,\delta_1.$$

If λ is a dominant weight of $\mathfrak{sl}(m/1)$ then λ is said :

  i) typical if $(\lambda + \rho, \beta) \neq 0$,   for all $\beta \in \Delta_{\bar{1}}^{+}$

  ii) atypical if there exist $\beta \in \Delta_{\bar{1}}^{+}$ such that $(\lambda + \rho, \beta) = 0$.

Theorem 4.3.3.
  Let λ be a dominant weight. The Kac module $\overline{V}(\lambda)$ is an irreducible $\mathfrak{sl}(m/1)$ module if and only if its highest weight λ is typical.
  In this case, we call $V(\lambda) = \overline{V}(\lambda)$ a typical module, otherwise $V(\lambda) \neq \overline{V}(\lambda)$ is called atypical module.

4.3.2 Covariant tensor representations

We consider here the natural action of $\mathfrak{sl}(m/1)$ on the tensor algebra $T(\mathbb{C}^{m|1})$. This $\mathfrak{sl}(m/1)$ module is completely known ([BR], [M],...). Let us recall the main results.

First this module is completely reducible. Put $V = \mathbb{C}^{m|1}$. Let us call fundamental representation for $\mathfrak{sl}(m/1)$ the modules $\wedge^r V, (r = 1, 2, \ldots)$, the exterior product being antisymmetric graded :

  if $(e_1, \ldots, e_{m+1})$ is the canonical basis for $\mathbb{R}^{m|1}$,

$$e_j \wedge e_k = -e_k \wedge e_j \quad (j \leq k \leq m), \qquad e_{m+1} \wedge e_{m+1} = e_{m+1} \wedge e_{m+1}.$$

In fact, $\wedge^r V$ is a simple $\mathfrak{sl}(m/1)$ module with highest weight vector :

$$e_1, e_1 \wedge e_2, \ldots, e_1 \wedge \ldots \wedge e_{m-1} \quad (r < m)$$

$$e_1 \wedge \ldots \wedge e_m, \ldots, e_1 \wedge \ldots \wedge e_m \wedge \underbrace{e_{m+1} \wedge \ldots \wedge e_{m+1}}_{\text{(k times)}} \quad (r = m + k \geq m)$$

and highest weight :

$$\omega_j = \frac{m-j+1}{m+1}(\epsilon_1 + \ldots + \epsilon_j) - \frac{j}{m+1}(\epsilon_{j+1} + \ldots + \epsilon_m) + \frac{j}{m+1}\delta_1, \ (j < m)$$

$$\omega_{m+k} = \frac{k+1}{m+1}(\epsilon_1 + \ldots + \epsilon_m) + \frac{m(k+1)}{m+1}\delta_1 = (k+1)\omega_m, \ (k \geq 0).$$

Denote them :

$$\wedge^r V = \mathbb{S}^{(\omega_r)}.$$

Since $(\omega_j + \rho, \epsilon_{m-1} - \delta_1) = 0$, the simple modules $\mathbb{S}^{(\omega_j)}$, $(j < m)$ are atypical. The modules $\mathbb{S}^{(\omega_{m+k})}$, $(k \geq 0)$ are typical : $(\omega_{m+k} + \rho, \epsilon_j - \delta_1) = m - j + k + 1 > 0$ for all j.

Looking for simple $\mathfrak{sl}(m/1)$ submodules in $T(\mathbb{C}^{m|1})$, we decompose it in

$$\bigoplus_{k=0}^{\infty} T(\mathbb{C}^m) \otimes \mathbb{C}(\underbrace{e_{m+1} \wedge \ldots \wedge e_{m+1}}_{\text{(k times)}})$$

and $T(\mathbb{C}^m)$ in simple $\mathfrak{gl}(m)$ modules, proving that the simple modules $\mathbb{S}^{(\lambda)}$ sitting in $T(\mathbb{C}^{m|1})$ have highest weight :

$$\lambda = \sum_{j=1}^m b_j\omega_j, \qquad (b_j \in \mathbb{N}) : \quad \text{atypical if and only if } b_m = 0$$

$$\lambda = \sum_{j=1}^m b_j\omega_j + \omega_{m+k} = \sum_{j=1}^{m-1} b_j\omega_j + (b_m + k + 1)\omega_m, (b_j \in \mathbb{N}, k > 0) : \textit{(typical)}.$$

As $\mathfrak{sl}(m/1)$ modules $\mathbb{S}^{((k+1)\omega_m)}$ and $\mathbb{S}^{(\omega_{m+k})}$ are isomorphic. We keep however the notation $\wedge^{m+k}V = \mathbb{S}^{(\omega_{m+k})}$ for convenience.

We consider only the corresponding highest weight vector :

$$v_\lambda = \prod_{j=1}^m (e_1 \wedge \ldots \wedge e_j)^{b_j}$$

in $S(\sum_{j=1}^m \wedge^j \mathbb{C}^{m/1})$ and

$$v_\lambda = \prod_{j=1}^m (e_1 \wedge \ldots \wedge e_j)^{b_j}(e_1 \wedge \ldots \wedge e_m \wedge e_{m+1} \wedge \ldots \wedge e_{m+1})$$

in $S(\sum_{j=1}^m \wedge^j \mathbb{C}^{m/1} + \wedge^{m+k}\mathbb{C}^{m/1})$.

Put :

$$\Lambda_{cov} = \{\lambda = \sum_{j=1}^m b_j\omega_j;\ b_j \in \mathbb{N}\} \cup \bigcup_{k=1}^\infty \{\lambda = \sum_{j=1}^m b_j\omega_j + \omega_{m+k};\ b_j \in \mathbb{N}\}$$

$$= \Lambda_{cov}^{(0)} \cup \bigcup_{k=1}^\infty \Lambda_{cov}^{(k)}.$$

We define the simple modules $\mathbb{S}^{(\lambda)}$ as the submodule in $S(\sum \wedge^r \mathbb{C}^{m/1})$ generated by v_λ and the shape module $\mathbb{S}$ for $\mathfrak{sl}(m/1)$ as the sum of the $\mathbb{S}^\lambda$. We shall define its multiplication later one.

We note :

$$\mathbb{S} = \bigoplus_{\lambda \in \Lambda_{cov}} \mathbb{S}^{(\lambda)}$$

$$= \bigoplus_{\lambda \in \Lambda_{cov}^{(0)}} \mathbb{S}^{(\lambda)} \oplus \bigoplus_{k=1}^\infty \bigoplus_{\lambda \in \Lambda_{cov}^{(k)}} \mathbb{S}^{(\lambda)}$$

$$= \bigoplus_{k=0}^\infty M^{(k)}.$$

4.4   Young tableaux for $\mathfrak{sl}(m/1)$

4.4.1 Young tableaux

The natural basis for $\wedge^r V = \mathbb{S}^{(\omega_r)}$ is given by the tensor $e_{i_1} \wedge \ldots \wedge e_{i_r}$ with $i_a \leq i_b$ if $a < b$ and $i_a < i_b$ if $i_a \leq m$. Denote these vectors by a column with height r and entries $i_1, \ldots, i_r$: we write

$$C = \begin{array}{|c|} \hline i_1 \\ \hline \vdots \\ \hline i_r \\ \hline \end{array} \quad \text{and} \quad e_C = e_{i_1} \wedge \ldots \wedge e_{i_r}.$$

We say this column is semi standard (for $\mathfrak{sl}(m/1)$).

In ([KW]), King and Welsh introduce Young tableaux i.e tableaux made as a succession of such columns.

Definition 4.4.1. *(Young tableaux)*

A Young tableaux T is a finite juxtaposition of semi standard columns with decreasing heights. We suppose the columns C and C' with same height r in T to be ordered from left to right following the inverse lexicographic ordering :

$$C = \begin{array}{|c|} \hline i_1 \\ \hline \vdots \\ \hline i_r \\ \hline \end{array} \quad \text{is before} \quad C' = \begin{array}{|c|} \hline i'_1 \\ \hline \vdots \\ \hline i'_r \\ \hline \end{array} \quad \text{if } i_r = i'_r, \ldots, i_{r-j} = i'_{r-j} \text{ and } i_{r-j-1} < i'_{r-j-1}.$$

Denote Y the vector space with basis all the Young tableaux. It can be viewed as the algebra $S(\oplus_{r=1}^{\infty} \mathbb{S}^{(\omega_r)})$, without grading. We call shape of the tableau T the numbers $b_1, b_2, \ldots, b_r, \ldots$ of its columns with height $1, 2, \ldots, r, \ldots$. We say that the shape $\mu = (a_1, \ldots, a_r, \ldots)$ is smaller than λ and write $\mu \leq \lambda$ if $a_r \leq b_r$ for all r.

To each Young tableau T with columns $C_1 C_2 \ldots C_p$, we associate the tensor $e_T = e_{C_1} \otimes \ldots \otimes e_{C_p}$.

4.4.2 Semi standard Young tableaux

Definition 4.4.2. *(Semi standard Young tableaux)*

Let $I = I_{\bar{0}} \cup I_{\bar{1}}$, where $I_{\bar{0}} = \{1, 2, \ldots, m\}$ and $I_{\bar{1}} = \{m+1\}$. A tableau T^λ is semi standard for $\mathfrak{sl}(m/1)$ if and only if :

i) each entry is taken from the set I,

ii) the entries from the set $I_{\bar{0}}$ form a tableau T^μ, for some $\mu \leq \lambda$, within T^λ,

iii) the entries from the set $I_{\bar{0}}$ are strictly increasing from the top to bottom down each column of T^μ,

iv) the entries from the set $I_{\bar{0}}$ are non decreasing from the left to right across each row of T^μ,

v) the entries from the set $I_{\bar{1}}$ are non decreasing from top to bottom down each column of $T^{\lambda\backslash\mu}$.

vi) the entries from the set $I_{\bar{1}}$ are strictly increasing from left to right across each row of $T^{\lambda\backslash\mu}$,

The main result of Berele-Regev and King-Welsh is :

Theorem 4.4.3.   *(Basis for $\mathbb{S}$)*

A basis for $\mathbb{S}$ is given by the collection of the tensor e_T for all semi standard Young tableaux T.

To be more precise, King and Welsh use the so called Garnir relations between two columns C and C'. Consider C, C' as the filling of empty columns C_{empty}, C'_{empty} :

$$C_{empty} = \begin{array}{|c|} \hline c_1 \\ \hline \vdots \\ \hline c_p \\ \hline \end{array}, \quad C = \begin{array}{|c|} \hline x_1 \\ \hline \vdots \\ \hline x_p \\ \hline \end{array}, \quad C'_{empty} = \begin{array}{|c|} \hline c'_1 \\ \hline \vdots \\ \hline c'_q \\ \hline \end{array}, \quad C' = \begin{array}{|c|} \hline y_1 \\ \hline \vdots \\ \hline y_q \\ \hline \end{array}.$$

The C_s and C'_t are empty boxes. Let $X \subset \{C_1, \dots, C_p\}$ and $Y \subset \{C'_1, \dots, C'_q\}$ such that $\#(X \cup Y) > p$.

Consider the permutation groups $S_{X\cup Y}, S_X, S_Y$ for $X \cup Y, X$ and Y respectively. $S_X \times S_Y$ is a canonical subgroup of $S_{X\cup Y}$. Define :

$$G(X, Y) = S_{X\cup Y}/S_X \times S_Y.$$

Any σ in $S_{X\cup Y}$ acts on the tableau CC' by permuting the entries in the boxes element of $X \cup Y$: for instance if $X = \{C_1, \dots, C_p\}$, $Y = \{C'_1\}$ and σ is $C_i \leftrightarrow C'_1$ then we write :

$$\sigma \;\begin{array}{cc} \begin{array}{|c|c|} \hline x_1 & y_1 \\ \hline & \vdots \\ \hline & y_q \\ \hline x_p & \\ \hline \end{array} \end{array} = \begin{array}{|c|c|} \hline x_1 & x_i \\ \hline x_2 & y_2 \\ \hline \vdots & \\ \hline y_1 & \vdots \\ \hline \vdots & y_q \\ \hline x_p & \\ \hline \end{array}.$$

We use in fact a graded graded version of this action by multiplying $\sigma(CC')$ by the sign of the graded permutation of $X \cup Y$. In our example if degree of x_k (resp. y_j) is $|x_k|$ (resp. $|y_j|$), we put :

$$\tilde{\sigma} \;\begin{array}{|c|c|} \hline x_1 & y_1 \\ \hline & \vdots \\ \hline & y_q \\ \hline x_p & \\ \hline \end{array} = (-1)^{(|y_1|+|x_i|)(|x_p|+|x_{p-1}|+\dots+|x_{i+1}|)+|y_1||x_i|} \;\sigma\; \begin{array}{|c|c|} \hline x_1 & y_1 \\ \hline & \vdots \\ \hline & y_q \\ \hline x_p & \\ \hline \end{array}.$$

Then the map $(\sigma, CC') \longmapsto \widetilde{\sigma}(CC')$ is an action of the group $S(X \cup Y)$, trivial on $S_X \times S_Y$.

By definition, the Garnir relations are :

$$G_{X,Y}(CC') = \sum_{\sigma \in G(X,Y)} \varepsilon(\sigma)\widetilde{\sigma}(CC')$$

where $\varepsilon(\sigma)$ is the usual sign of the permutation σ.

Then :

Theorem 4.4.4.
  1) *For any pair of columns C, C', for any $X \subset C_{empty}, Y \subset C'_{empty}$ such that $\#X \cup Y > \#C_{empty}$,*

$$e_{G_{X,Y}(CC')} = 0.$$

  2) *The shape module $\mathbb{S}$ is the quotient of the Young algebra $Y = S(\oplus \mathbb{S}^{(\omega_r)})$ by the ideal generated by all the Garnir relations.*

4.5 Garnir and Plücker relations

Let us first describe the Garnir relations.

Let $V = V_{\overline{0}} \oplus V_{\overline{1}}$ be a graded vector space. Let $C = (v_1, \ldots, v_P)$ and $D = (w_1, \ldots, w_Q)$ be two finite sequence of vectors in V.

We suppose $P \geq Q$ and put $C \vee D = (v_1, \ldots, v_P, w_1, \ldots, w_Q) = (u_1, \ldots, u_{P+Q})$.
Taking account of the grading, we consider the following action of S_{P+Q} on $C \vee D$:
$$(C \vee D)_\sigma = (u_{\sigma^{-1}(1)}, \ldots, u_{\sigma^{-1}(P+Q)}),$$

$$(C \vee D)_{\widetilde{\sigma}} = \widetilde{\varepsilon}^{\sigma}_{C \vee D}(C \vee D)_\sigma = \prod_{\substack{1 \leq a < b \leq P+Q \\ \sigma(a) > \sigma(b)}} (-1)^{|u_a||u_b|}(C \vee D)_\sigma.$$

(We can verify ([KW]) that $(C \vee D)_{\widetilde{\sigma}\widetilde{\tau}} = ((C \vee D)_{\widetilde{\sigma}})_{\widetilde{\tau}})$.)

The Garnir relations take place in $S(\wedge V)$. We consider vectors with the form :

$$u_{C \vee D} = u_C.u_D = (u_1 \wedge \ldots \wedge u_P).(u_{P+1} \wedge \ldots \wedge u_{P+Q}).$$

For any σ in S_{P+Q}, we define :

$$u_{(C \vee D)_{\widetilde{\sigma}}} = \widetilde{\varepsilon}^{\sigma}_{C \vee D}(u_{\sigma^{-1}(1)} \wedge \ldots \wedge u_{\sigma^{-1}(P)}).(u_{\sigma^{-1}(P+1)} \wedge \ldots \wedge u_{\sigma^{-1}(P+Q)}).$$

In the Garnir relations, we use particular permutations σ.

Let $p \leq P, q \leq Q$, put $X = v_1 \wedge \ldots \wedge v_p, A = v_{p+1} \wedge \ldots \wedge v_P, Y = w_1 \wedge \ldots \wedge w_q$, $B = w_{q+1} \wedge \ldots \wedge w_Q$ so that $u_C = u_X \wedge u_A, u_D = u_Y \wedge u_B$.

A subsequence with r elements $X' \subset X$ is a sequence $(v_{i_1}, v_{i_2}, \ldots, v_{i_r})$ such that $i_1 < i_2 < \ldots < i_r$. Denote $s_r(X)$ the set of such subsequences.

If $r \leq inf(p,q)$ and $X' = (v_{i_1}, v_{i_2}, \ldots, v_{i_r}) = (u_{i_1}, u_{i_2}, \ldots, u_{i_r})$ is in $s_r(X)$, $Y' = (w_{j_1}, w_{j_2}, \ldots, w_{j_r}) = (u_{P+j_1}, u_{P+j_2}, \ldots, u_{P+j_r})$ in $s_r(Y)$, we define the permutation $X' \leftrightarrow Y'$ in S_{P+q} by :

$$X' \leftrightarrow Y' = (i_1, P+j_1)(i_2, P+j_2)\ldots(i_r, P+j_r)$$
$$= \begin{pmatrix} 1 & \ldots & i_1 & \ldots & i_r & \ldots & P & P+1 & \ldots & P+j_1 & \ldots & P+j_r & \ldots & P+Q \\ 1 & \ldots & P+j_1 & \ldots & P+j_r & \ldots & P & P+1 & \ldots & i_1 & \ldots & i_r & \ldots & P+Q \end{pmatrix}.$$

By definition, the Garnir relations on the vector $u_C.u_D$ associated to X and Y is :

$$G_{X,Y}(u_C.u_D) = \sum_{r=0}^{inf(p,q)} (-1)^r G_{X,Y}^r(u_C.u_D)$$

$$= \sum_{r=0}^{inf(p,q)} (-1)^r \sum_{\substack{X' \in s_r(X) \\ Y' \in s_r(Y)}} \widetilde{\varepsilon}_{C\vee D}^{X' \leftrightarrow Y'} u_{(C \vee D)_{X' \leftrightarrow Y'}}.$$

Proposition 4.5.1.   *([KW])*
Let us keep all our notations.
For any X, any Y such that $p + q > P$, we have,in $\mathbb{S}$,

$$G_{X,Y}(u_C.u_D) = 0$$

Proof

In [KW], the Garnir relations is proved with the following form :

$$G'_{X,Y}(u_C.u_D) = \sum_{\sigma \in S_{X \cup Y}/S_X \times S_Y} \varepsilon(\sigma)\widetilde{\varepsilon}_{C\vee D}^{\sigma} u_{(C \vee D)_\sigma}$$

where S_X, S_Y, $S_{X \cup Y}$ are the canonical imbedding of the group of permutations of X, Y, $X \cup Y$ into S_{P+Q}.

Put $p = \#X$ and $q = \#Y$. By the graded symmetry properties of u_C and u_D, we can suppose : $X = (u_1, \ldots, u_p)$ and $Y = (u_{P+1}, \ldots, u_{P+q})$.

For any σ in $S_{X \cup Y}$, we associate the subsequence $X' \subset X$, $Y' \subset Y$ as follows : the elements in X' are the u_i such that $1 \leq i \leq p$ and $\sigma^{-1}(i) > P$, the elements in Y' are the u_j such that $P + 1 \leq j \leq P + q$ and $\sigma^{-1}(j) < P$.

Then we have $\#X' = \#Y'$ and $\sigma \in (X' \leftrightarrow Y').S_X.S_Y$ and this defines a map from $S_{X \cup Y}/S_X \times S_Y$ onto $\displaystyle\bigsqcup_{r=0}^{inf(p,q)} s_r(X) \times s_r(Y)$.

Moreover looking for the coefficient for t^p in $(1+t)^{p+q} = (1+t)^p(1+t)^q$, we get :

$$\#S_{X\cup Y}/S_X \times S_Y = \begin{pmatrix} P+q \\ p \end{pmatrix} = \sum_{r=0}^{inf(p,q)} \begin{pmatrix} p \\ r \end{pmatrix}\begin{pmatrix} q \\ r \end{pmatrix}$$

$$= \# \bigsqcup_{r=0}^{inf(p,q)} s_r(X) \times s_r(Y).$$

Thus the mapping is a bijection, since we use actions of $S_{X\cup Y}$,

$$G'_{X,Y}(u_C.u_D) = G_{X,Y}(u_C.u_D).$$

$\square$

For $\mathfrak{sl}(m)$, the shape algebra was defined as the quotient of $S(\wedge\mathbb{C}^m)$ by the ideal generated by the Plücker relations. Let us now define the graded Plücker relations for $\mathfrak{sl}(m/1)$. With our notations, for all $q \geq 1$, if $Y = (u_{P+1}, \ldots, u_{P+q})$, the relation is :

$$u_C.u_D = P_Y(u_C.u_D) = \sum_{X'\in s_q(C)} \widetilde{\varepsilon}_{C\vee D}^{X'\hookrightarrow Y} u_{(C\vee D)_{X'\hookrightarrow Y}}.$$

To be complete we prove now the equivalence between the graded Plücker and the Garnir relations.

Theorem 4.5.2. *We keep our notations.*

1) $G_{C,Y}(u_C.u_D) = 0$ for any $Y \neq \emptyset$ is equivalent to $u_C.u_D = P_Y(u_C.u_D)$ for any Y.

2) If $G_{C,Y}(u_C.u_D) = 0$ for any $Y \neq \emptyset$ then $G_{X,Y}(u_C.u_D) = 0$ for any X, any Y such that $\#(X \cup Y) > P$.

Proof

1) we have :

$$G_{X,Y}(u_C.u_D) = \sum_{r=0}^{q} (-1)^r \sum_{\substack{X'\in s_r(C) \\ Y'\in s_r(Y)}} \widetilde{\varepsilon}_{C\vee D}^{X'\hookrightarrow Y'} u_{(C\vee D)_{X'\hookrightarrow Y'}}.$$

Thus for $q = 1$, we get $Y = (u_{p+1})$ and

$$G_{C,Y}(u_C.u_D) = u_C.u_D - \sum_{X'\in s_1(C)} \widetilde{\varepsilon}_{C\vee D}^{X'\hookrightarrow Y} u_{(C\vee D)_{X'\hookrightarrow Y}}$$

$$= u_C.u_D - P_Y(u_C.u_D).$$

This proves the equivalence between the graded Plücker and the Garnir relations for $q = 1$.

Suppose the equivalence proved for $\#Y = 1, \ldots, q-1$ and consider the case $Y = (u_{P+1}, \ldots, u_{P+q})$.

For any $r < q$, for any $Y' = (u_{P+j_1}, \ldots, u_{P+j_r}) \subset Y$, we define the permutation τ_r as follows :

we put : $B' = D \backslash Y' = (u_{P+k_1}, \ldots, u_{P+k_{Q-r}})$,
$$D' = Y' \vee B' = (u_{P+j_1}, \ldots, u_{P+j_r}, u_{P+k_1}, \ldots)$$

$$\text{and } \tau_r^{-1} = \begin{pmatrix} D \\ \\ D' \end{pmatrix}.$$

We get, $u_{C \vee D'} = \widetilde{\varepsilon}_{C \vee D}^{\tau_r} u_{C \vee D}$ and :

$$\widetilde{\varepsilon}_{C \vee D}^{\tau_r} \sum_{X' \in s_r(C)} \widetilde{\varepsilon}_{C \vee D}^{X' \leftrightarrow Y'} u_{(C \vee D)_{X' \leftrightarrow Y'}} = P_{Y'}(u_C.u_{D'})$$

$$= u_C.u_{D'} = \widetilde{\varepsilon}_{C \vee D}^{\tau_r} u_C.u_D$$

Or :

$$G_{C,Y}(u_C.u_D) = u_C.u_D + \sum_{r=1}^{q-1}(-1)^r \sum_{Y' \in s_r(Y)} u_C.u_D + (-1)^q P_Y(u_C.u_D)$$

$$= u_C.u_D \left(1 - \binom{q}{1} + \binom{q}{2} + \ldots + (-1)^{q-1}\binom{q}{q-1}\right)$$
$$+ (-1)^q P_Y(u_C.u_D)$$
$$= (-1)^q (P_Y(u_C.u_D) - u_C.u_D).$$

This proves, for any Y such that $\#Y = q$, the equivalence between $G_{C,Y}(u_C.u_D)=0$ and $P_Y(u_C.u_D)=u_C.u_D$.

2) Let us now suppose that $G_{C,Y}(u_C.u_D) = 0$ holds for any $Y \neq \emptyset$. This proves the Garnir relations for $X = (u_1, u_2, \ldots, u_P)$ and $Y = (u_{P+1}, \ldots, u_{P+q})$ for any q.

Suppose by induction this implies the vanishing of the Garnir relations for X, Y, with $\#X = p'$, $\#Y = q'$, for any (p', q') such that $p' + q' > p + q$ and any (p', q') such that $p' + q' = p + q$ and $p' > p$.

Suppose now $p + q > P$ and consider $G_{X,Y}(u_C.u_D)$ for $X = X_p = (u_1, \ldots, u_p)$, $X = X_{p+1} = (u_1, \ldots, u_{p+1})$ and $Y = (u_{P+1}, \ldots, u_{P+q})$. We have :

$$0 = G_{X_{p+1},Y}(u_C.u_D)$$

$$= \sum_{r \geq 0}(-1)^r \sum_{\substack{X' \in s_r(X_{p+1}) \\ Y' \in s_r(Y)}} \widetilde{\varepsilon}_{C \vee D}^{X' \leftrightarrow Y'} u_{(C \vee D)_{X' \leftrightarrow Y'}}$$

$$= \sum_{r \geq 0}(-1)^r \sum_{\substack{X' \in s_r(X_{p+1}), u_{p+1} \notin X' \\ Y' \in s_r(Y)}} \widetilde{\varepsilon}_{C \vee D}^{X' \leftrightarrow Y'} u_{(C \vee D)_{X' \leftrightarrow Y'}}$$

$$+ \sum_{r > 0}(-1)^r \sum_{\substack{X' \in s_r(X_{p+1}), u_{p+1} \in X' \\ Y' \in s_r(Y), u_{P+q} \in Y'}} \widetilde{\varepsilon}_{C \vee D}^{X' \leftrightarrow Y'} u_{(C \vee D)_{X' \leftrightarrow Y'}}$$

$$+ \sum_{r > 0}(-1)^r \sum_{\substack{X' \in s_r(X_{p+1}), u_{p+1} \in X' \\ Y' \in s_r(Y), u_{P+q} \notin Y'}} \widetilde{\varepsilon}_{C \vee D}^{X' \leftrightarrow Y'} u_{(C \vee D)_{X' \leftrightarrow Y'}}.$$

The first sum in this expression is exactly $G_{X_p,Y}(u_C.u_D)$.
Let us put $u_{C_1 \vee D_1} = u_{(C \vee D)_{(u_{p+1}) \leftrightarrow (u_{P+q})}}$ i.e.

$$C_1 = (u_1, \ldots, u_p, u_{P+q}, u_{p+2}, \ldots, u_P)$$
$$D_1 = (u_{P+1}, \ldots, u_{P+q-1}, u_{p+1}, \ldots, u_{P+Q}).$$

Put $X_1 = (u_1, \ldots, u_p, u_{P+q})$ and $Y_1 = (u_{P+1}, \ldots, u_{P+q-1})$. Then in the second sum, we put $X'_1 = X' \backslash (u_{p+1})$ and $Y'_1 = Y' \backslash (u_{P+q})$. The second sum is :

$$\widetilde{\varepsilon}_{C \vee D}^{(u_{p+1}) \leftrightarrow (u_{P+q})} \sum_{r=1}^{q} (-1)^r \sum_{\substack{X'_1 \in s_{r-1}(X_1), u_{P+q} \notin X_1 \\ Y'_1 \in s_{r-1}(Y_1)}} \widetilde{\varepsilon}_{C_1 \vee D_1}^{X'_1 \leftrightarrow Y'_1} u_{(C_1 \vee D_1)_{X'_1 \leftrightarrow Y'_1}}.$$

Finally, in the third sum, we put $Y'_1 = Y'$ in $s_r(Y_1)$ and $X'_1 = X' \backslash (u_{p+1}) \cup (u_{P+q})$ (u_{P+q} is the last term of the sequence X'_1). Thus $X'_1 \in s_r(X_1)$ and $u_{P+q} \in X_1$. The term $u_{(C \vee D)_{X' \leftrightarrow Y'}}$ becomes $u_{\left((C_1 \vee D_1)_{X'_1 \leftrightarrow Y'_1}\right)_{(u_{p+1}) \leftrightarrow (u_{P+q})}}$. But if $u_{(C_1 \vee D_1)_{X'_1 \leftrightarrow Y'_1}}$ is $u_{(C'_1 \vee D'_1)}$, u_{p+1} and u_{P+q} are in D'_1 and :

$$u_{\left((C_1 \vee D_1)_{X'_1 \leftrightarrow Y'_1}\right)_{(u_{p+1}) \leftrightarrow (u_{P+q})}} = (-1) \, \widetilde{\varepsilon}_{C'_1 \vee D'_1}^{(u_{p+1}) \leftrightarrow (u_{P+q})} u_{(C_1 \vee D_1)_{X'_1 \leftrightarrow Y'_1}},$$

thus in the third sum we get :

$$\widetilde{\varepsilon}_{C \vee D}^{X' \leftrightarrow Y'} (u_C.u_D)_{X' \leftrightarrow Y'} = \widetilde{\varepsilon}_{C \vee D}^{(u_{p+1}) \leftrightarrow (u_{P+q})} \widetilde{\varepsilon}_{C_1 \vee D_1}^{X'_1 \leftrightarrow Y'_1} \widetilde{\varepsilon}_{C'_1 \vee D'_1}^{(u_{p+1}) \leftrightarrow (u_{P+q})}$$
$$u_{\left((C_1 \vee D_1)_{X'_1 \leftrightarrow Y'_1}\right)_{(u_{p+1}) \leftrightarrow (u_{P+q})}}$$
$$= -\widetilde{\varepsilon}_{C \vee D}^{(u_{p+1}) \leftrightarrow (u_{P+q})} \widetilde{\varepsilon}_{C_1 \vee D_1}^{X'_1 \leftrightarrow Y'_1} u_{(C_1.D_1)_{X'_1 \leftrightarrow Y'_1}}.$$

Then the third sum is :

$$\widetilde{\varepsilon}_{C \vee D}^{(u_{p+1}) \leftrightarrow (u_{P+q})} \sum_{r=1}^{q} (-1)^r \sum_{\substack{X'_1 \in s_r(X_1), u_{P+q} \in X_1 \\ Y'_1 \in s_r(Y_1)}} \widetilde{\varepsilon}_{C_1 \vee D_1}^{X'_1 \leftrightarrow Y'_1} u_{(C_1 \vee D_1)_{X'_1 \leftrightarrow Y'_1}}.$$

Now, we get :

$$0 = G_{X_{p+1},Y}(u_C.u_D)$$
$$= G_{X_p,Y}(u_C.u_D) - \widetilde{\varepsilon}_{C \vee D}^{(u_{p+1}) \leftrightarrow (u_{P+q})} G_{X_1,Y_1}(u_{C_1}.u_{D_1}).$$

By induction, $G_{X,Y}(u_C.u_D) = 0$.

$\square$

4.6   Quasi standard Young tableaux

Quasi standard Young tableaux are defined for $\mathfrak{sl}(m/1)$ exactly as for $\mathfrak{sl}(m)$.

We call trivial column for $\mathfrak{sl}(m/1)$ a column of the form :

$$C = \begin{array}{|c|} \hline 1 \\ \hline 2 \\ \hline \vdots \\ \hline j \\ \hline \end{array} \quad (j \le m).$$

Definition 4.6.1.

Let T be a semi standard Young tableau such that there is s such that its first column

is $C = \begin{array}{|c|} \hline t_{1,1} \\ \hline \vdots \\ \hline t_{s,1} \\ \hline \vdots \\ \hline t_{C,1} \\ \hline \end{array}$ with $c_s = \begin{array}{|c|} \hline t_{1,1} \\ \hline \vdots \\ \hline t_{s,1} \\ \hline \end{array}$ is trivial.

We push T by shifting the s firsts rows of T to the left and deleting the trivial subco-

lumn $\begin{array}{|c|} \hline t_{1,1} \\ \hline \vdots \\ \hline t_{s,1} \\ \hline \end{array}$.

Let $P_s(T)$ be the new obtained tableau. We say that T is quasi standard if there is no s such that c_s is trivial and $P_s(T)$ is a semi standard tableau.

Lemma 4.6.2.

There is a bijection mapping f from the set SS_λ of all semi standard Young tableaux with shape λ and the disjoint union $\sqcup_{\mu \le \lambda} QS_\mu$ of all quasi standard Young tableaux with shape $\mu \le \lambda$.

Proof

Let T be a semi standard tableau with shape λ. If T is quasi standard, we put $g(T) = (\emptyset, T)$. If it is not the case, we choose the largest s_1 such that c_{s_1} is trivial and $P_{s_1}(T)$ is semi standard, we put :

$$g_1(T) = (c_{s_1}, P_{s_1}(T)).$$

If $P_{s_1}(T)$ is quasi standard, we put $g(T) = g_1(T)$, if it is not the case, we choose the largest s_2 such that c_{s_2} is trivial and $P_{s_2}(P_{s_1}(T))$ is semi standard, we put :

$$g_2(T) = (c_{s_1} c_{s_2}, P_{s_2}(P_{s_1}(T))).$$

If $s_2 > s_1$, this implies that T has the form :

1	1	$\cdots$	$t_{1,k}$	$t_{1,k+1}$	$\cdots$
2	2	$\cdots$	$t_{2,k}$	$t_{2,k+1}$	$\cdots$
$\vdots$	$\vdots$		$\vdots$	$\vdots$	
$t_{s_1,1}$	$t_{s_1,2}$	$\cdots$	$t_{s_1,k}$	$t_{s_1,k+1}$	$\cdots$
$\vdots$	$\vdots$		$\vdots$	$\vdots$	
$t_{s_2,1}$	$t_{s_2,2}$	$\cdots$	$t_{s_2,k}$	$t_{s_2,k+1}$	$\cdots$
$t_{s_2+1,1}$	$t_{s_2+1,2}$	$\cdots$	$t_{s_2+1,k}$	$t_{s_2+1,k+1}$	$\cdots$
$\vdots$	$\vdots$	$\vdots$	$\vdots$	$\vdots$	$\vdots$

therefore
$$\begin{array}{|c|} \hline 1 \\ \hline 2 \\ \hline \vdots \\ \hline t_{s_2,1} \\ \hline \end{array}$$
is trivial and $t_{s_2+1,k} < t_{s_2,k+1}$ or $t_{s_2+1,k} = t_{s_2,k+1} = m + 1$. This implies $P_{s_2}(T)$ is semi standard and s_1 is not maximal.

Thus $s_1 \geq s_2$ and the tableau $c_{s_1}c_{s_2}$ is semi standard with all its columns trivial, we say it is a trivial semi standard tableau.

If $P_{s_2}(P_{s_1}(T))$ is quasi standard, we put $g(T) = g_2(T)$. If it is not the case, we repeat the procedure until to get a quasi standard (possibly empty) tableau $(P_{s_r} \circ P_{s_{r-1}} \circ \ldots \circ P_{s_1})(T)$ and put $g(T) = g_r(T) = (c_{s_1} \ldots c_{s_r}, (P_{s_r} \circ P_{s_{r-1}} \circ \ldots \circ P_{s_1})(T)) = (U, V)$.

$g(T)$ is a pair consisting of a semi standard trivial tableau U with shape $\lambda \setminus \mu$ and a quasi standard tableau V with shape $\mu \leq \lambda$.

Remark 4.6.3.

If there is $k > 0$ such that a column of height $m + k$ happens in T, there is only one such column, the first one, it is in μ.

Finally we put $f(T) = V$.

Conversely, for any quasi standard tableau V with shape $\mu \leq \lambda$, we consider the trivial tableau U with shape $\lambda \setminus \mu$ and define $T = h(V)$ as the tableau with shape λ obtained by bordering U with V.

For instance,

$m = 3, \lambda = \omega_1 + 2\omega_2 + \omega_5, \mu = \omega_1 + \omega_5$ and $V =$

2	3
3	
4	
4	
4	

.

Then $\lambda \setminus \mu = 2\omega_2,$ $U =$

1	1
2	2

 and $T = h(V) =$

1	1	2	3
2	2	3	
4			
4			
4			

.

Repeating the argument of lemma 8.4 in ([ABW]), we prove that T is semi standard and $f(T) = V$. Thus f is a bijection mapping from SS_λ onto $\sqcup_{\mu \leq \lambda} QS_\mu$. $\square$

If T is a semi standard Young tableau, we define $|T|$ as the height of its first column.

4.7   Reduced shape algebra

Let us define the reduced shape algebra for $\mathfrak{sl}(m/1)$ similarly as the reduced shape algebra for $\mathfrak{sl}(m)$.

Definition 4.7.1.
The reduced shape algebra $\mathbb{S}_{red}$ for $\mathfrak{sl}(m/1)$ is the quotient of the shape algebra $\mathbb{S}$ by the ideal generated by the elements :

$$\delta^{(j)}_{1,\ldots,j} - 1 = \begin{array}{|c|} \hline 1 \\ \hline 2 \\ \hline \vdots \\ \hline j \\ \hline \end{array} - 1 \ (j \leq m).$$

Since by definition the action of $\mathfrak{n}^+$ vanishes on the $\delta^{(j)}_{1,\ldots,j}$, $\mathbb{S}_{red}$ is a $\mathfrak{n}^+$ modules.
Denote π the canonical projection from $\mathbb{S}$ to $\mathbb{S}_{red}$. Put :

$$t^{(0)} = \pi(1), \quad t^{(k)} = \pi\left(\delta^{(m+k)}_{1,2,\ldots,m,m+1,\ldots,m+1}\right) \text{ for } k > 0.$$

Proposition 4.7.2.

1) The space $(\mathbb{S}_{red})_0$ of all vectors u in $\mathbb{S}_{red}$ such that $\mathfrak{n}^+ u = 0$ is exactly $\bigoplus_{k=0}^{\infty} \mathbb{C}t^{(k)}$.

2) As $\mathfrak{n}^+$ module, $\mathbb{S}_{red}$ is the direct sum $\bigoplus_{k=0}^{\infty} M^{(k)}$ of indecomposable modules, where :
  $M^{(k)} = \pi\left(Span(T, \ |T| = m + k)\right)$ *if $k > 0$,*

and $M^{(0)} = \pi\left(Span(T, \ |T| \leq m)\right)$.

3) For any λ, the $\mathbf{n}^+$ module $\mathbb{S}^{(\lambda)}$ and $\pi(\mathbb{S}^{(\lambda)})$ are isomorphic.

4) For any $\mu \leq \lambda$ in $\Lambda_{cov}^{(0)}$ and any k, $\pi(\mathbb{S}^{(\mu)})$ is a submodule of $\pi(\mathbb{S}^{(\lambda)})$ and $\pi(\mathbb{S}^{(\mu+\omega_{m+k})})$ is a submodule of $\pi(\mathbb{S}^{(\lambda+\omega_{m+k})})$.

Proof

1) As a $\mathbf{n}^+$ module, $\mathbb{S}$ is locally nilpotent :

$\qquad \forall\ v \in \mathbb{S}, \forall\ \alpha \in \Delta^+, \exists\ n$ such that $e_\alpha^n v = 0$.

Thus, the Engel theorem ([S]) says that any non vanishing submodule or quotient of a submodule in $\mathbb{S}$ contains non trivial vectors u such that $\mathbf{n}^+ u = 0$.

If M is a locally nilpotent $\mathbf{n}^+$ module, we put :

$\qquad M_0 = \{x \in M, \mathbf{n}^+ x = 0\}$ and $M_1 = \{x \in M, \mathbf{n}^+ x \in M_0\}$.

By using the usual weight decomposition, it is clear that $\mathbb{S}_0$ is the vector space spanned by the highest weight vectors $v_\lambda \in \mathbb{S}^{(\lambda)}$:

$$\mathbb{S}_0 = \sum_{\lambda \in \Lambda_{cov}} \mathbb{C}v_\lambda.$$

Similarly $\sum \mathbb{C}t^{(k)} = \sum \mathbb{C}(\delta_{1,2,\ldots,m,m+1,\ldots,m+1}^{(m+k)}) \subset \pi(\mathbb{S}_0) \subset (\mathbb{S}_{red})_0$. If the family $(t^{(k)})$ is not free, there are complex numbers a_k such that $\sum a_k \delta_{1,2,\ldots,m,m+1,\ldots,m+1}^{(m+k)}$ belongs to $ker\pi \cap \mathbb{S}_0$. Since the semi standard tableaux form a basis for $\mathbb{S}$, we can write the finite sum :

$$\sum_k a_k \delta_{1,2,\ldots,m,m+1,\ldots,m+1}^{(m+k)} = \sum_k \delta_{1,2,\ldots,m,m+1,\ldots,m+1}^{(m+k)} \sum_{j=1}^m \left(\delta_{1,2,\ldots,j}^{(j)} - 1\right) \sum_i b_{\lambda_{ijk}} v_{\lambda_{ijk}}$$

where $v_{\lambda_{ijk}}$ are trivial tableaux such that $|v_{\lambda_{ijk}}| \leq m$.

Or, for any k,

$$\begin{aligned}
a_k &= \sum_{j=1}^m \left(\delta_{1,2,\ldots,j}^{(j)} - 1\right) \sum_i b_{\lambda_{ijk}} v_{\lambda_{ijk}} \\
&= \sum_{i,j} b_{\lambda_{ijk}} (v_{\lambda_{ijk}+\omega_j} - v_{\lambda_{ijk}}) \\
&= \sum_{i,j} (b_{\lambda_{ijk}-\omega_j} - b_{\lambda_{ijk}}) v_{\lambda_{ijk}}.
\end{aligned}$$

(with the convention $b_{\lambda_{ijk}-\omega_j} = 0$ if $\lambda_{ijk} - \omega_j$ is not in Λ_{cov}).

Thus :

$$a_k = -\sum_{i,j/\lambda_{ijk}=0} b_{\lambda_{ijk}} \quad \text{and} \quad 0 = \sum_{i,j/\lambda_{ijk}=\lambda} (b_{\lambda_{ijk}-\omega_j} - b_{\lambda_{ijk}})$$

for any $\lambda \neq 0$. Therefore $\sum_{i,j/\lambda_{ijk}=N_{\omega_j}} = -a_k$ for any N, this is impossible except if $a_k = 0$.

Put

$$W^{(k)} = \{v \in \mathbb{S} \text{ such that } \pi(v) \in (\mathbb{S}_{red})_0 \text{ and } |v| = m + k\} \quad (k \geq 1)$$

and

$$W^{(0)} = \{v \in \mathbb{S} \text{ such that } \pi(v) \in (\mathbb{S}_{red})_0 \text{ and } |v| \leq m\}.$$

They are $\mathfrak{n}^+$ submodules of $\mathbb{S}$, we have $W_0^{(k)} = Span\left(\delta_{1,2,\ldots,m,m+1,\ldots,m+1}^{(m+k)} v_\lambda\right)$. Consider now v in $W_1^{(k)}$. Let us prove there is v' in $\ker\pi$ such that $v - v'$ is in $W_0^{(k)}$. Since $\pi(v_\lambda) = \pi(1)$, this will prove that $\pi(W^{(k)}) = \pi(W_0^{(k)}) = \mathbb{C}t^{(k)}$. This will achieve the proof of 1).

Let v_λ be a trivial tableau with $|v_\lambda| \leq m$. We define $\partial_j v_\lambda$ as follows :

if v_λ does not contain any column with height j, $(\lambda(h_j) = 0)$, $\partial_j v_\lambda = 0$,

if v_λ contains columns with height j, $(\lambda(h_j) \neq 0)$, we modify only the last box of the jth-row by replacing this box $\boxed{j}$ by $\boxed{j+1}$.

We get a semi standard tableau such that :

$$e_{\alpha_i}(\partial_j v_\lambda) = \begin{cases} 0 & \text{if} \quad i \neq j \\ \\ v_\lambda & \text{if} \quad i = j. \end{cases}$$

Now, for any j, we can write :

$$e_{\alpha_j} v = \delta_{1,2,\ldots,m,m+1,\ldots,m+1}^{(m+k)} \sum_{r,s} a_{\lambda_{jrs}} v_{\lambda_{jrs}} \left(\delta_{1,2,\ldots,r}^{(r)} - 1\right)$$

$$= \sum_{\substack{v_\mu \text{ has a} \\ j-column}} a_\mu v_\mu \left(\delta_{1,2,\ldots,r}^{(r)} - 1\right) + \sum_{\substack{v_\nu \text{ does not have a} \\ j-column}} b_\nu v_\nu \left(\delta_{1,2,\ldots,r}^{(r)} - 1\right)$$

$$= e_{\alpha_j}(\sum_\mu a_\mu \partial_j v_\mu) + \sum_{\nu \neq j} b_\nu v_\nu \left(\delta_{1,2,\ldots,r}^{(r)} - 1\right) + \sum b_j v_j \left(\delta_{1,2,\ldots,j}^{(j)} - 1\right).$$

Thus, $\sum b_\nu v_\nu$ is in the range of e_{α_j}, but this is possible only if $b_\nu = 0$ for any ν.

Now, for any j, we can write :

$$e_{\alpha_j} v = \sum_{\substack{\lambda \in \Lambda_{cov} \\ r \leq m}} a_{\lambda,r} v_\lambda \left(\delta_{1,2,\ldots,r}^{(r)} - 1\right)$$

$$= \sum_{\lambda/\lambda(h_j)\neq 0} \sum_{r \leq m} a_{\lambda,r} e_{\alpha_j} \partial_j v_\lambda \left(\delta_{1,2,\ldots,r}^{(r)} - 1\right) + \sum_{\lambda/\lambda(h_j)=0} a_{\lambda,j} v_\lambda e_{\alpha_j} \partial_j \delta_{1,2,\ldots,j}^{(j)}$$

$$+ \sum_{\lambda/\lambda(h_j)=0} \sum_{r \neq j} a_{\lambda,r} v_\lambda \left(\delta_{1,2,\ldots,r}^{(r)} - 1\right) - \sum_{\lambda/\lambda(h_j)=0} a_{\lambda,j} v_\lambda.$$

The first line is in $e_{\alpha_j}(\mathbb{S})$ but the second one is in supplementary space in $\mathbb{S}_0$ for $e_{\alpha_j}(\mathbb{S})$ thus it vanishes and $\sum_{\lambda/\lambda(h_j)=0} a_{\lambda,j} v_\lambda = 0$ and there is w_j in $\ker\pi$:

$$w_j = \sum_{\lambda/\lambda(h_j)\neq 0} \sum_{r \leq m} a_{\lambda,r} \partial_j v_\lambda \left(\delta_{1,2,\ldots,r}^{(r)} - 1\right)$$

such that $e_{\alpha_i}(w_j) = 0$ if $i \neq j$ and $e_{\alpha_j}(w_j) = e_{\alpha_j} v$.

Finally, $\sum_j w_j = v'$ is the vector we are looking for.

2) If the $\mathfrak{n}^+$ submodules $M^{(k)} \cap \sum\limits_{l \neq k} M^{(l)}$ contains a non trivial vector killed by $\mathfrak{n}^+$, this vector is a multiple of $t^{(k)}$ and we get :

$$t^{(k)} = \sum_{l \neq k} a_l t^{(l)}.$$

But this is impossible, the sum $\sum M^{(k)}$ is direct and $\mathbb{S}_{red} = \bigoplus\limits_{k=0}^{\infty} M^{(k)}$.

If N is a non trivial submodule of $M^{(k)}$, it contains the unique vector killed by $\mathfrak{n}^+$: $t^{(k)}$, thus $M^{(k)}$ is indecomposable.

3) Let λ be an element of Λ_{cov}. If the restriction of π to $\mathbb{S}^{(\lambda)}$ is not injective, there is a non vanishing vector in $\ker(\pi|_{\mathbb{S}^{(\lambda)}})$ killed by $\mathfrak{n}^+$. Thus $v_\lambda \in \ker \pi$ but $\pi(v_\lambda)$ is $t^{(0)}$ if $|\lambda| \leq m$ and $t^{(k)}$ if $|\lambda| > m$. In any way, $\pi(v_\lambda) \neq 0$.

4) The relation $\mu, \lambda \in \Lambda_{cov}^{(k)}$ and $\mu \leq \lambda$ is equivalent to say there is dominant integral weight ν in $\Lambda_{cov}^{(0)}$ such that $\lambda = \mu + \nu$. In $\mathbb{S}$, the multiplication by v^ν send $\mathbb{S}^{(\mu)}$ into $\mathbb{S}^{(\lambda)}$. In the quotient, this operation becomes the identity mapping. $\square$

Theorem 4.7.3.
   The quasi standard tableaux define a basis for $\mathbb{S}_{red}$.
   To be more precise, we have for all k, for all λ in $\Lambda_{cov}^{(k)}$,

$$\{\pi(T), \quad T \in QS_\mu^{(k)}, \mu \leq \lambda\} \text{ is a basis for } \pi(\mathbb{S}^{(\lambda)})$$

where $QS_\mu^{(k)}$ is the set of quasi standard tableaux with shape μ and if $k > 0$ such that $\mu \in \Lambda_{cov}^{(k)}$.

   Proof
   Let us prove that $\{\pi(T), \quad T \in QS_\mu^{(k)}, \quad \mu \leq \lambda\}$ generates $\pi(\mathbb{S}^{(\lambda)})$.
   Let T be a semi standard tableau of shape λ. If T is quasi standard, we keep it. If it is not the case, there is s such that :

1	$t_{1,2}$	
2	$t_{2,2}$	
$\vdots$	$\vdots$	
s	$t_{s,2}$	$\cdots$
$t_{s+1,1}$	$\vdots$	
$\vdots$	$t_{C_2,2}$	
$t_{C_1,1}$		

$T =$ (to the left of the above table)

And s is the largest index for which $P_s(T)$ is still semi standard. Let r be strictly smaller than the length of the sth-row of T. Put :

$$\partial^r T = \begin{array}{|c|c|c|c|c|c|} \hline t_{1,2} & \cdots & t_{1,r} & 1 & t_{1,r+1} & \cdots \\ \hline & & \vdots & \vdots & & \\ \hline t_{s,2} & \cdots & t_{s,r} & s & t_{s,r+1} & \cdots \\ \hline t_{s+1,1} & \cdots & t_{s+1,r-1} & t_{s+1,r} & \vdots & \cdots \\ \hline \vdots & \vdots & \vdots & \vdots & & \\ \hline \vdots & t_{C_2,2} & & & & \\ \hline t_{C_1,1} & & & & & \\ \hline \end{array}$$

Suppose that we have, modulo the Plücker relations,

$$T = b_r \partial^r T + \sum a_j T_j \qquad \text{with } T_j < T.$$

Then since $P_s(T)$ is semi standard, $t_{s,r+1} < t_{s+1,r}$ or $t_{s,r+1} = t_{s+1,r} = m + 1$ and $t_{s+1,r+1}$ does not exist. Writing the Plücker relations for s and the columns r and $r + 1$ in $\partial^r T$, we get :

$$\partial^r T = b_{r+1} \partial^{r+1} T + \sum a_l T_l$$

with $T_l < T$ if $t_{s,r+1} < t_{s+1,r}$ and if $t_{s,r+1} = t_{s+1,r} = m + 1$. then we have in $\partial^{r+1} T$ the columns :

$$\begin{array}{|c|c|} \hline x_1 & 1 \\ \hline \vdots & \vdots \\ \hline x_{j-1} & j-1 \\ \hline m+1 & j \\ \hline \vdots & \vdots \\ \hline m+1 & s \\ \hline m+1 & \\ \hline \vdots & \\ \hline m+1 & \\ \hline \end{array} \qquad \text{with } x_i = t_{i,r+1}.$$

Writing the Plücker relations for s and these two columns, we get :

$$\partial^{r+1} T = b_{r+1} \partial^r T + \sum a_l T_l.$$

the first term is the sum of all the tableaux where the $r + 1^{th}$-column contains exactly $(s - j)$ '$m + 1$'. In the other tableaux T_l, the $r + 1^{th}$- column contains more than $(s - j)$ '$m + 1$' thus $T_l < T$.

Now if r is the length of the sth-row of T, $\partial^r T$ contains a trivial column with height s, this column becomes 1 in $\mathbb{S}_{red}$ and thus disappears. In $\mathbb{S}_{red}$, we can write :

$$T = b_s P_s(T) + \sum_{T_l < T} a_l T_l.$$

By reducing T_l to semi standard tableaux smaller than T, we can repeat this computation and write T as a linear combination of quasi standard tableaux with shape $\mu \leq \lambda$ in $\Lambda_{cov}^{(k)}$. $\square$

4.8   An example : the $\mathfrak{sl}(2/1)$ case

For the Lie algebra $\mathfrak{sl}(3)$, the picture of a part of the diamond cone was given in section 2.

For the the Lie superalgebra $\mathfrak{sl}(2/1)$, we give here a part of the indecomposable module $M^{(k)}$ for $k = 0$ and $k = 2$.

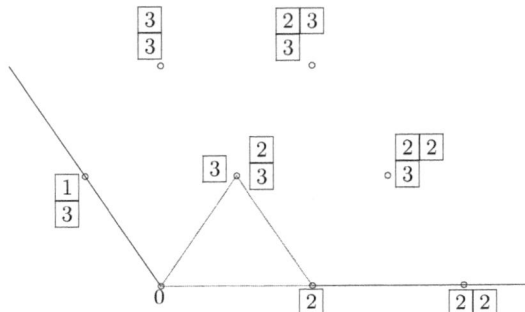

The module $\pi(\mathbb{S}^{(\omega_1)})$ is atypical.

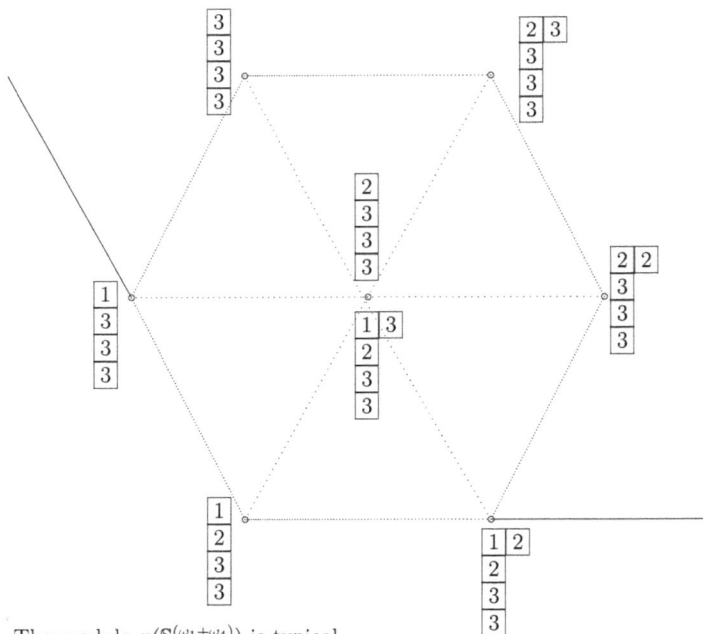

The module $\pi(\mathbb{S}^{(\omega_1+\omega_4)})$ is typical.

Bibliographie

[ABW]   D. Arnal, N. Bel Baraka, N. Wildberger, "Diamond representations of $\mathfrak{sl}(n)$";
        Ann. Math. Blaise Pascal, 13 n°2 (2006), 381–429.

[BR]   A. Berelee, A. Regev, "Hook Young diagrams with applications to combinatorics
        and to representations of Lie superalgebras"; Advances in mathematics. **64**
        (1987), 118–175.

[HKTV] J. W. B. Hughes, R. C. King, J. Thierry-Mieg, J. Van der Jeugt, "A character
        formula for singly atypical modules of the Lie superalgebra $\mathfrak{sl}(m/n)$"; Commu-
        nications in Algebra, 18(10) (1991), 3453–3480.

[J]   G.D. James, "The representation theory of the symmetric groups"; Lecture
        Note in Mathematics **682** (1978).

[K]   V.G. Kac, "Representations of classical Lie superalgebras"; Lecture Note in
        Mathematics **676**(1977), 597–626.

[KW]   R. C. King, T. A. Welsh, "Construction of graded covariant $GL(m/n)$ modules
        using tableaux"; Journal of Algebraic Combinatorics **1**(1991), 151–170.

[M]   E. Moens "Supersymmetric Schur functions and Lie superalgebra representa-
        tions"; thesis, (2007).

[S]   M. Scheunert "Generalized Lie algebras" J. Math. Phys. **20** (1979), 712–720.

www.ingramcontent.com/pod-product-compliance
Lightning Source LLC
Chambersburg PA
CBHW021102210326
41598CB00016B/1293